"十四五"职业教育国家规划教材

# 光伏发电系统集成

## Photovoltaic System Integration

主 编 邱美艳

副主编 杨继强 葛 洪

主 审 李钟实

西安电子科技大学出版社

## 内 容 简 介

本书是在天津中德应用技术大学"一流应用技术大学"建设系列教材编委会指导下,根据教育部新的职业教育教学改革精神,以行业企业岗位技能需求为中心,与经验丰富的企业工程师共同开发的。本书共设四个项目,分别是太阳能手机充电系统设计、太阳能路灯系统设计、家用光伏电站设计、大型并网光伏发电系统设计,用工作过程系统化的方式介绍了不同类型的光伏发电系统如何设计选型与配置,每个项目后均附有拓展的应用实例。

本书注重培养学生光伏发电系统设计的应用技能,由项目案例导入任务设计,并在内容中融入工业技术标准,将理论与实际紧密结合,提高学生的职业素养与工程实践能力。

本书可作为高职高专院校光伏相关专业学生的教材,也可作为企业员工的培训教材,还可作为相关人员的学习参考书。

本书提供免费的电子教学课件和微课视频等资源,可扫描书中二维码获取。

**图书在版编目(CIP)数据**

光伏发电系统集成/邱美艳主编. —西安:西安电子科技大学出版社,2019.8(2024.11 重印)
ISBN 978-7-5606-5175-0

Ⅰ. ① 光…  Ⅱ. ① 邱…  Ⅲ. ① 太阳能发电—系统集成技术  Ⅳ. ① TM615

中国版本图书馆 CIP 数据核字(2018)第 276692 号

策  划  毛红兵  刘玉芳
责任编辑  王 静
出版发行  西安电子科技大学出版社(西安市太白南路 2 号)
电  话  (029)88202421  88201467  邮  编  710071
网  址  www.xduph.com  电子邮箱  xdupfxb001@163.com
经  销  新华书店
印刷单位  咸阳华盛印务有限责任公司
版  次  2019 年 8 月第 1 版  2024 年 11 月第 5 次印刷
开  本  787 毫米×1092 毫米  1/16  印 张  11.25
字  数  256 千字
定  价  38.00 元

ISBN 978-7-5606-5175-0
XDUP 5477001−5
***如有印装问题可调换***

# 前　言

我国是目前世界上第二大能源生产国和消费国，能源需求正以前所未有的速度急剧增长。煤、电、油供应日趋紧张，进口石油大幅增加，能源供需正面临着严峻挑战。同时，化石能源对环境的危害也日趋严重。在这种情况下，开发利用新能源和可再生能源替代有限的不可再生的化石能源，不仅可以有效缓解能源危机，而且对减少我国化石能源消耗量和 $CO_2$ 排放量，优化能源结构和保护生态环境具有重要历史意义。为了解决这个问题，国家先后出台多项政策法规推进能源结构调整，大力发展可再生能源。

党的二十大报告中强调要推进美丽中国建设，积极稳妥推进碳达峰碳中和，立足我国资源禀赋特征，坚持先立后破，有计划、分步骤实施碳达峰行动，深入推进能源革命，加快规划建设新型能源体系。国家对新能源行业的高度重视，为光伏行业明确了发展思路，既要大规模开发，也要高水平地消纳，更要高质量地发展。

近十年来，我国光伏行业取得了跨越式的发展，产业规模持续扩大，技术不断迭代更新，发电成本已下降90%以上，分布式与集中式并举，市场与政策双轮驱动，完成了去补贴到平价上网的历史使命，目前正阔步走向从补充能源到替代能源的跨越发展。光伏发电产业将迎来一个巨大的发展空间，持续从规模到质量上以更大的步伐前进，为中国在规定时间内实现双碳目标做出重要贡献。

根据规划，"十四五"期间，我国风电和太阳能发电量要实现翻倍；到2030年，我国风电、太阳能发电总装机容量将达到12亿千瓦以上。随着光伏产业的飞速发展，光伏发电工程人才也相对紧缺。本书紧密对接光伏发电设计、建设施工等岗位，定位于工程应用型高等院校，以培养光伏发电领域工程应用型人才为主要目标，注重应用能力的培养。书中内容坚持深入浅出的原则，基于"创新思维的工作过程系统化"教学改革成果，以典型工作任务为载体，按照工作过程逐步进行开发和序化，符合学生的认知规律。全书共设4个项目，包括太阳能手机充电系统设计、太阳能路灯系统设计、家用光伏电站设计、大型并网光伏发电系统设计，从离网到并网，从小型到大型，层层展开，给学生和其他读者呈现了不同类型的电站设计与选型方案。在每个项目中都插入了实际工程案例，将知识与生活生产中的实际应用相结合。

本书由天津中德应用技术大学邱美艳主编并统稿。具体编写分工如下：邱美艳、葛洪撰写项目1；邱美艳撰写项目2、3；项目4则由具有丰富企业经验的工程师杨继强撰写。在编写过程中编者参考了很多同类书籍、文献，其中大部分已在参考文献中列出，在此谨向这些书籍、文献资料的作者表示衷心的感谢！

本书可作为高职高专院校光伏相关专业学生的教材，也可作为企业对员工的培训教材，还可作为相关人员的学习参考书。

由于作者学术水平和写作能力有限，书中难免有不足之处，敬请专家、读者批评指正。

编　者
2019 年 4 月

# 目　录

## Contents

# 目 录
## Contents

# 项目 1　太阳能手机充电系统设计

## Item Ⅰ　Design of Solar Cell Phone Charging System

## 1.1　任务提出

　　化石资源的枯竭使得人们不得不寻找一种新型的替代能源。太阳能在我们可以预见的未来是取之不尽、用之不竭的可再生资源。大力发展光伏发电产业，符合国家循环经济建设的政策方针，可以有效地缓解国家电网的供电压力。随着太阳能开发利用的不断深入，其应用领域也越来越广泛，各种光伏产品逐渐进入了人们的日常生活。尤其太阳能在电子产品方面的应用，给人们的生活带来了极大的便利，用户只需将光伏电池置于阳光下，就可以将太阳能转化为电能，实现对负载或蓄电池的供电或充电。比如太阳能玩具、太阳能计算器等，如图 1-1 所示。

(a) 太阳能玩具　　　　　　　　　　(b) 太阳能计算器

图 1-1　太阳能电子产品

　　手机作为日常生活中必不可少的便携式电子产品，对蓄电能力的要求越来越高。便携式太阳能充电系统则可以在有阳光的地方随时随地为手机充电。

　　本项目要求设计一套太阳能手机充电系统，手机的锂离子电池为 3.6 V，容量为 1500 mA·h，实现用太阳能给手机充电，无需外接电源，尤其在户外可实现对手机充电。系统效果图如图 1-2 所示。

图 1-2　太阳能手机充电系统

## 1.2 任务解析

从其应用类型来看，太阳能光伏发电系统主要分为离网(独立)光伏发电系统和并网光伏发电系统。独立光伏发电系统不和电网相连，系统独立发电，环保安全，不需要消耗其他能源，直接向负载供电，这是光伏发电应用最原始、最简单的一种供配电方式。这种供电系统的优点是简单、经济、灵活，适用范围广；缺点是用电可靠性差，管理控制比较分散、麻烦。太阳能手机充电系统属于简单的独立光伏发电系统，主要由光伏组件、充电控制电路和手机锂离子电池三部分组成。

## 1.3 太阳能

### 1.3.1 太阳能资源

太阳是一颗离银河系中心约 3 万光年的恒星，半径约为 $6.96 \times 10^5$ km，质量大约为 $1.99 \times 10^{30}$ kg，分别为地球的 108 倍和 33 万倍。太阳的中心温度大约为 $1.4 \times 10^7$ K，表面温度约为 5700 K，离地球的距离约为 $1.5 \times 10^8$ km。太阳是一个炽热气体构成的球体，主要由氢和氦组成，其中氢占 80%，氦占 19%。人们推测太阳的寿命至少还有几十亿年，因此对于地球上的人类来说，太阳能是一种无限的能源。

太阳能(Solar Energy)是由太阳的氢经过核聚变而产生的一种能源，不含有害物质，不排出二氧化碳，是一种非常理想的清洁能源。人类从地面所能采集到的能源中，来自太阳的能源约占 99.98%，剩下的 0.02% 为地下热能。人类依赖这些能量维持生存，其中包括所有其他形式的可再生能源。地球上的风能、水能、海洋温差能、波浪能和生物质能以及部分潮汐能都来源于太阳，即使是地球上的化石燃料(如煤、石油、天然气等)从根本上说也是远古以来储存下来的太阳能，所以广义的太阳能所包括的范围非常大，狭义的太阳能则限于太阳辐射能的光热、光电和光化学的直接转换。我国太阳能资源十分丰富，全国有 2/3 以上的地区年辐照总量大于 $5.02 \times 10^6$ kJ/m²，年日照时数在 2000 h 以上。

### 1.3.2 太阳能量的衰减

太阳表面放射出的能量经过约 $1.5 \times 10^9$ km 到达地球的大气圈外时，与太阳光垂直的平面上的太阳辐射能量密度约为 1.395 kW/m²，此值称为太阳常数(Solar Constant)。太阳常数是指当地球与太阳处在平均距离的位置时，在大气层的上部与太阳光垂直的平面上，单位面积的太阳辐射能量密度。一般采用 2019 年国际地球观测年(IGY)所测定的值，即太阳常数的值为 1.382 kW/m$^2$。

实际上，地球上不同地点的太阳光的强度是不同的，与所在地的纬度、时间和气象条件等有关。即使是同一地点，正南时的直射日光也随四季的变化而不同，也就是说，由于大气导致太阳光减少的比例与大气的厚度有关。定量地表示大气厚度的单位称为大气圈通过空气量(又称大气质量)，即用通过空气量(AirMass，AM)来表示大气的厚度。如图 1-3 所示，用由天顶垂直入射的通过空气量作为标准，即太阳高度正当头(90°)时为 1(太阳到地面的垂直距离的相对值)，假定太阳光度角为 $\theta$(°)，通过空气量 AM 由下式计算：

$$AM = \frac{1}{\sin \theta}$$

AM 用来表示进入大气的直达光所通过的路程，大气圈外用 AM0 表示，垂直的地表面用 AM1 表示。太阳高度(Solar Altitude)非常低时，地表面为球面，由于大气引起的曲折现象等原因，AM 值与上式相比略低。对太阳电池等的特性进行评价时，使用的标准大气条件一般为 AM = 1.5(这里对应的太阳高度角 $\theta$ 为 41.8°)。

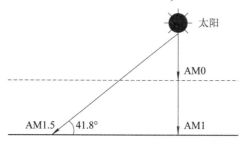

图 1-3　通过空气量 AM

### 1.3.3　我国太阳能资源分布
### 1.3.3　Distribution of Solar Energy in China

按照接收太阳能辐射量的大小，我国太阳能资源分布地区大致分为五类。

一类地区：全年日照时数为 3200～3300 h，在每平方米面积上一年内接收的太阳能辐射总量为 6680～8400 MJ，相当于 225～285 kg 标准煤燃烧所发出的热量。一类地区主要包括青藏高原、甘肃北部、宁夏北部和新疆南部等地，是我国太阳能资源最丰富的地区，与印度和巴基斯坦北部的太阳能资源相当。尤以西藏西部的太阳能资源最为丰富，全年日照时数达 2900～3400 h，年辐射总量高达 7000～80000 MJ/m$^2$，仅次于撒哈拉大沙漠，居世界第 2 位。

二类地区：全年日照时数为 3000～3200 h，在每平方米面积上一年内接收的太阳能辐射总量为 5852～6680 MJ，相当于 200～225 kg 标准煤燃烧所发出的热量。二类地区主要包括河北西北部、山西北部、内蒙古南部、宁夏南部、甘肃中部、青海东部、西藏东南部和新疆南部等地，为我国太阳能资源较丰富的地区。

三类地区：全年日照时数为 2200～3000 h，在每平方米面积上一年内接收的太阳能辐射总量为 5016～5852 MJ，相当于 170～200 kg 标准煤燃烧所发出的热量。三类地区主要包括山东、河南、河北东南部、山西南部、新疆北部、吉林、辽宁、云南、陕西北部、甘肃东南部、广东南部、福建南部、江苏北部和安徽北部等地。

四类地区：全年日照时数为 1400～2200 h，在每平方米面积上一年内接收的太阳能辐射总量为 4190～5016 MJ，相当于 140～170 kg 标准煤燃烧所发出的热量。四类地区主要是长江中下游，福建、浙江和广东的一部分地区，春夏多阴雨，太阳能资源少，秋冬季太阳能资源还可以。

五类地区：全年日照时数为 1000～1400 h，在每平方米面积上一年内接收的太阳能辐射总量为 3344～4190 MJ，相当于 115～140 kg 标准煤燃烧所发出的热量。五类地区主要包括四川、贵州两省，是我国太阳能资源最少的地区。

一、二、三类地区，年日照时数大于 2000 h，是我国太阳能资源丰富或较丰富的地区，面积较大，约占全国总面积的 2/3 以上，具有利用太阳能的良好条件。四、五类地区虽然太阳能资源条件较差，但仍有一定的利用价值。

## 1.3.4　太阳辐射的计量及峰值日照时数

### 1.3.4　Measurement of Solar Radiation and Peak Sunshine Hours

#### 1. 日照强度

日照强度(Irradiance)一般用单位面积、单位时间的能量密度来表示，单位为 $mW/cm^2$、$kW/m^2$ 或 $J/(cm^2 \cdot min)$ 等。由于照射在地面上的太阳光的强度随时间变化而变化，因此，发电用太阳电池的出力也会随太阳光的强度而变。所以，日照强度是表示太阳电池特性、各种测量以及太阳能光伏系统设计中的基本量之一。

#### 2. 日照量

日照量由日照强度与时间决定，由每日、每月累积而成。一般来说，日照量是指由每天的入射能量经过累积而得到的各月的平均值，单位为 $W \cdot h$ 或 $kW \cdot h$ 等。

#### 3. 太阳辐射的计量

在单位时间内，太阳以辐射形式发射的能量称为太阳辐射功率或辐射通量，单位为瓦(W)；太阳投射到单位面积上的辐射功率(辐射通量)称为辐射度或辐照度，单位为瓦/平方米($W/m^2$)。

对于太阳辐射能量，在不同的资料中，有时可以看到不同的单位制，如卡、千卡、焦耳和兆焦等。其换算关系为

$$1 \, kW \cdot h = 1 \, 000 \, 000 \, mW \cdot h = 3.6 \, MJ = 859.845 \, kcal$$

$$1 \, cal = 4.1868 \, J = 1.1628 \, mW \cdot h$$

$$1 \, MJ/m^2 = 23.889 \, cal/cm^2 = 27.78 \, mW \cdot h/cm^2 = 0.2778 \, kW \cdot h/m^2$$

$$1 \, kW \cdot h/m^2 = 85.98 \, cal/cm^2 = 3.6 \, MJ/m^2 = 100 \, mW \cdot h/cm^2$$

在太阳能发电的测量与计算中，最方便的单位应该取千瓦(kW)和千瓦时(kW·h)，面积的单位取平方米($m^2$)。对不同资料来源的数据要先换算再计算，从而避免计算错误。

#### 4. 峰值日照时数

日照时数是指某个地点，一天当中从太阳光达到一定的辐照度(一般以气象台测定的 $120 \, W/m^2$ 为标准)时开始到小于此幅度时所经过的时间。

平均日照时数是指某地的一年或若干年的日照总时数的平均值。

峰值日照时数是将当地的太阳能辐射量折算成标准测试条件下(1000 W/m²)的时数。

### 5. 换算

有关物理量换算关系如下。

如果斜面辐射量的单位是 cal/cm²，就有

$$峰值日照时数(h) = 辐射量 \times 0.001\,16 \tag{1-1}$$

式中，0.001 16 为将辐射量的单位 cal/cm² 折算成峰值日照时数的折算系数。

如果斜面辐射量的单位是 MJ/m²，就有

$$峰值日照时数(h) = \frac{A}{3.6 \times 365} \tag{1-2}$$

式中，$A$ 为斜面的上年辐照总量，单位为 MJ/m²；3.6 为单位换算系数。

$$1\ kW \cdot h = 1000(J/s) \times 3600\ s = 3.6 \times 10^{6} J = 3.6\ MJ$$

$$1\ MJ = 1\ kW \cdot h/3.6$$

例如：某地的方阵面上的年辐照量为 6207 MJ/m²，则年峰值日照时数为

$$6207 \div 3.6 \div 365 = 4.72\ h$$

## 1.3.5　太阳能发电的优缺点

### 1.3.5　Advantages and Disadvantages of Solar Power Generation

#### 1. 太阳能发电的优点

太阳能发电过程简单，没有机械转动部件，不消耗燃料，不排放包括温室气体在内的任何物质，无噪声、无污染，分布广泛且取之不尽、用之不竭。因此，与风力发电和生物质能发电等新型发电技术相比，太阳能发电是一种最具可持续发展理想特征(最丰富的资源和最洁净的发电过程)的可再生能源发电技术，其主要优点有以下几点：

(1) 太阳能资源取之不尽、用之不竭。照射到地球上的太阳能要比人类目前消耗的能量大 6000 倍。而且太阳能在地球上分布广泛，只要有光照的地方就可以使用光伏发电系统，不受地域、海拔等因素的限制。

(2) 太阳能资源随处可得，可就近供电，不必长距离输送，避免了长距离输电线路所造成的电能损失。

(3) 太阳能发电的能量转换过程简单，是直接从光子到电子的转换，没有中间过程(如热能转换为机械能、机械能转换为电磁能等)和机械运动，不存在机械磨损。根据热力学分析，光伏发电具有很高的理论发电效率，可达 80% 以上，技术开发潜力巨大。

(4) 太阳能发电本身不使用燃料，不排放包括温室气体和其他废气在内的任何物质，不污染空气，不产生噪声，对环境友好，不会遭受能源危机或燃料市场不稳定而造成的冲击，是真正绿色环保的新型可再生能源。

(5) 太阳能发电过程不需要冷却水，可以安装在没有水的荒漠戈壁上。光伏发电还可以很方便地与建筑物结合，构成光伏建筑一体化发电系统，不需要单独占地，可节省宝贵的土地资源。

(6) 太阳能发电无机械传动部件操作、维护简单、运行稳定可靠。光伏发电系统只要有太阳能电池组件就能发电，加之自动控制技术的广泛采用，基本上可实现无人值守，维护成本低。

(7) 太阳能发电系统工作性能稳定可靠，使用寿命长(30 年以上)。晶体硅太阳能电池寿命可长达 20～35 年。在光伏发电系统中，只要设计合理、选型适当，蓄电池的寿命也可长达 10～15 年。

(8) 太阳电池组件结构简单、体积小、质量轻，便于运输和安装。光伏发电系统建设周期短，而且根据用电负荷容量可大可小，方便灵活，极易组合、扩容。

**2. 太阳能发电的缺点**

太阳能发电也有它的不足和缺点，可以归纳为如下几点：

(1) 能量密度低。

尽管太阳投向地球的能量总和极其巨大，但由于地球表面积也很大，而且地球表面大部分被海洋覆盖，真正能够到达陆地表面的太阳能只有到达地球范围辐射能量的10%左右，在陆地单位面积上能够直接获得的太阳能量很少。通常以太阳辐照度来表示，地球表面最高值约为 $1.2\ kW \cdot h/m^2$，且绝大多数地区和大多数的日照时间内都低于 $1\ kW \cdot h/m^2$。太阳能的利用实际是低密度能量的收集、利用。

(2) 占地面积大。

由于太阳能能量密度低，这就使得光伏发电系统的占地面积会很大，每 10 kW 光伏发电功率占地约需 $100\ m^2$，平均每平方米面积发电功率为 100W。随着光伏建筑一体化发电技术的成熟和发展，越来越多的光伏发电系统可以利用建筑物、构筑物的屋顶和立面，将逐渐克服光伏发电占地面积大的不足。

(3) 转换效率低。

太阳能发电的最基本单元是太阳电池组件。太阳能发电的转换效率指的是光能转换为电能的比率。目前晶体硅光伏电池光电转换效率为 13%～17%，非晶硅光伏电池光电转换效率只有 6%～8%。由于光电转换效率太低，从而使光伏发电功率密度低，难以形成高功率发电系统。因此，太阳电池的转换效率低是阻碍光伏发电大面积推广的瓶颈。

(4) 间歇性工作。

在地球表面，光伏发电系统只能在白天发电，晚上不能发电，除非在太空中没有昼夜之分的情况下，太阳电池才可以连续发电，这和人们的用电需求不符。

(5) 受气候环境因素影响大。

太阳能光伏发电的能源直接来源于太阳光的照射，而地球表面上的太阳照射受气候的影响很大，长期的雨雪天、阴天、雾天甚至云层的变化都会严重影响系统的发电状态。另外，环境因素的影响也很大，比较突出的一点是，空气中的颗粒物(如灰尘)等降落在太阳电池组件的表面上，阻挡了部分光线的照射，这样会使电池组件转换效率降低，从而造成发电量减少。

(6) 地域依赖性强。

各地区地理位置不同、气候不同，日照资源则相差很大。太阳能发电系统只有应用在太阳能资源丰富的地区，其效果才会好。

(7) 系统成本高。

由于太阳能光伏发电的效率较低，到目前为止，太阳能发电的成本仍然是其他常规发电方式(如火力和水力发电)的几倍，这是制约其广泛应用的最主要因素。但是也应看到，随着太阳能电池产能的不断增大及电池片光电转换效率的不断提高，光伏发电系统的成本也在快速下降。太阳能电池组件的价格几十年来已经从最初的每瓦 70 多美元下降至目前的每瓦 2.5 美元左右。

(8) 晶体硅电池的制造过程高污染、高能耗。

晶体硅电池的主要原料是纯净的硅。硅是地球上含量仅次于氧的元素，主要存在形式是沙子(二氧化硅)。从沙子一步步变成含量为 99.9999%以上纯净的晶体硅，其间要经过多道化学和物理工序的处理，不仅要消耗大量能源，还会造成一定的环境污染。

尽管太阳能光伏发电存在上述不足，但是随着能源问题越来越凸显，大力开发可再生能源将是解决能源危机的主要途径。太阳能发电是最具可持续发展理想特征的可再生能源发电技术，近年来我国政府也相继出台了一系列鼓励和支持太阳能光伏产业的政策法规，这将极大地促进太阳能产业的发展，太阳能发电技术和应用水平也将会不断提高，我国太阳能发电产业的前景十分广阔。

## 1.4　太阳电池

### 1.4　Solar Cell

19 世纪，人们发现了将光照射在半导体上出现电动势的现象，即光电效应。太阳电池(Solar Cell)的研究始于 20 世纪 50 年代，当时由于太阳电池价格昂贵，主要应用于人造卫星等宇宙空间领域。70 年代由于石油危机，太阳能作为代替能源而被关注，世界各国开始大力研究太阳电池。太阳电池除了晶硅太阳电池、非晶硅太阳电池外，还出现了各种化合物半导体太阳电池、有机薄膜太阳电池以及由两种以上太阳电池构成的积层太阳电池等新型太阳电池。由于太阳电池可以将太阳的光能直接转换成电能，无复杂部件、无转动部分、无噪声等，因此，使用太阳电池的太阳能光伏发电是太阳能利用较为理想的方式之一。太阳电池作为将太阳能直接转换成电能的关键部件，经过多年的研究、技术开发，目前价格下降、性能提高，其应用已逐渐普及。

### 1.4.1　结构与工作原理

### 1.4.1　Structure and Working Principle of Solar Cells

太阳电池的工作原理是基于 PN 结的光伏效应，即在光照条件下，PN 结两端出现光生电动势的现象，如图 1-4 所示。

当适当波长的光照射到 PN 结表面时，如果光子能量大于材料的光学带隙，价带电子将吸收光子能量而发生带间跃迁，在导带底产生大量的自由电子，在价带顶产生大量的空穴，这种光生电子–空穴对被称为非平衡载流子。如图 1-5 所示。如果 PN 结的结深较浅，光子可以到达空间电荷区，甚至更深的区域，在这些区域产生大量的非平衡载流子。

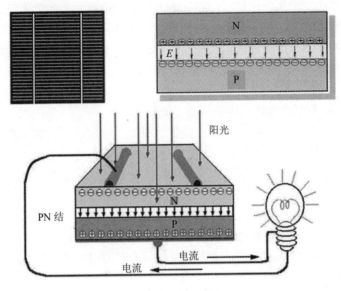

图 1-4　太阳电池的工作原理

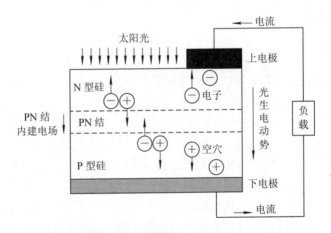

图 1-5　PN 结的内建电场平衡载流子

当 PN 结处于开路状态时，N 区电子无法通过导线到达 P 区与 P 区空穴复合，非平衡载流子只能在 PN 结两端积累，导致 PN 结的两端产生较大的光电压，该电压被称为开路电压，常用 $U_{oc}$ 表示。开路电压是非平衡载流子的漂移运动和平衡载流子的扩散运动达到动态平衡的结果，开路电压与辐照强度近似为对数关系。

一般情况下，PN 结总要外接一定的负载，而 PN 结材料和导线也有一定的电阻，因此光生载流子只有一部分积累在 PN 结两端，产生的光生电动势也只有一部分落在负载上。在 PN 结材料和导线的电阻一定的情况下，外接负载的电阻越小，PN 结的光生电动势越小，工作电流越大；外接负载的电阻越大，PN 结的光生电动势越大，工作电流越小。

作为太阳电池的实际 PN 结，可以视为一个恒流源与一个理想二极管的组合。考虑到 PN 结材料的串联损耗和并联损耗，可以在负载基础上添加串联电阻与并联电阻，然后与理想二极管并联，即构成 PN 结的等效电路，如图 1-6 所示。从恒流源输出的光生电流 $I_L$ 等于相同辐照条件下的短路电流 $I_{sc}$，经过二极管流回恒流源的是 PN 结的扩散电流，经过

并联电阻 $R_{sh}$ 流回恒流源的是 PN 结的并联损耗，输出电流 $I$ 对串联电阻 $R$ 做的功为 PN 结的串联损耗，输出电流 $I$ 对负载 $R_L$ 做的功为系统的输出功率。

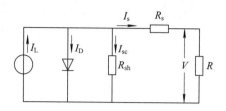

图 1-6　太阳能等效电路

## 1.4.2　太阳电池分类
### 1.4.2　Classification of Solar Cells

1-1　光伏组件的分类及其性能参数

根据太阳电池所使用的材料不同可将其分成硅系太阳电池、化合物系太阳电池以及有机半导体系太阳电池等种类，如图 1-7 所示。硅系太阳电池为常见电池种类，又可分成晶硅系太阳电池和非晶硅系太阳电池，而晶硅系又可分成单晶硅太阳电池和多晶硅太阳电池。

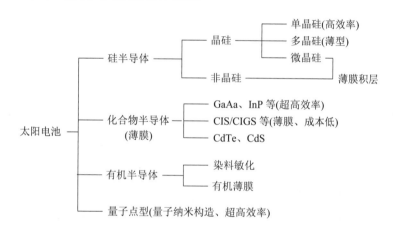

图 1-7　太阳电池的种类和特性

化合物半导体太阳电池可分为 Ⅲ-Ⅴ 族化合物(GaAs)太阳电池、Ⅱ-Ⅵ 族化合物(CdS/CdTe)太阳电池以及三元(Ⅰ-Ⅲ-Ⅳ族)化合物(CuInSe$_2$:CIS)太阳电池等。

有机半导体太阳电池可分成染料敏化太阳电池以及有机薄膜(固体)太阳电池等。根据太阳电池的形式、用途等还可分成民生用、电力用，透明电池、半透明电池，柔软性电池，混合型电池(HIT 电池)，积层电池，球状电池以及量子点电池等。

### 1. 单晶硅太阳电池

单晶硅的制法通常是先制得多晶硅或无定形硅，然后用直拉法或悬浮区熔法从熔体中生长出棒状单晶硅，如图 1-8 所示。目前由它制成的单晶硅太阳电池组件转换效率为 18% 以上，最高的达到 25% 左右，这是目前所有种类的太阳电池中光电转换效率最高的，但其制作成本很大，以至于这么高转换效率的电池还不能被广泛和普遍地使用。

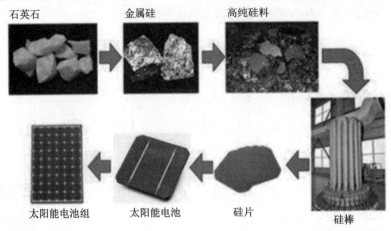

图 1-8　太阳电池组件的制法

单晶硅太阳电池一般采用钢化玻璃以及防水树脂进行封装，其实物如图 1-9 所示。单晶硅太阳电池坚固耐用，使用寿命一般可达 25 年，最高可达 30 年。其主要优点如下：

(1) 光电转换效率高，可靠性高。

(2) 先进的扩散技术，保证片内各处转换效率的均匀性。

(3) 运用多种先进的成膜技术，颜色均匀美观。

(4) 应用高质量的金属浆料制作背场和电极，确保良好的导电性、可靠的附着力和很好的电极可焊性。

(5) 高精度的丝网印刷图形和高平整度，使得电池易于自动焊接和激光切割。

(6) 国内组件的层压技术已经达到世界先进水平。

图 1-9　单晶硅太阳电池

### 2. 多晶硅太阳电池

多晶硅太阳电池的制作工艺与单晶硅太阳电池差不多，其光电转换效率约为 17%，其实物如图 1-10 所示。多晶硅太阳电池制造材料简便，节约电耗，总的生产成本要比单晶硅太阳电池低，但使用寿命要比单晶硅太阳电池稍短。从性价比来讲，多晶硅太阳电池组件在制造工艺、材料成本以及规模化生产方面要优于单晶硅电池组件。多晶硅电池有如下特点：

(1) 具有稳定高效的光电转换效率。

(2) 表面除了传统的深蓝色，也可制成高效的纯黑色，还可制成各种颜色，以满足不同电站的需求，如 BIPV(光伏建筑)和 BAPV(附着式建筑用光伏系统)等领域。

(3) 高质量的银和银铝浆料，确保良好的导电性、可靠的附着力和很好的电极可焊性。

(4) 高精的丝网印刷图形和高平整度，使得电池易于自动焊接和激光切割。

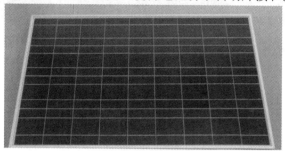

图 1-10　多晶硅太阳电池

### 3. 非晶硅太阳电池

非晶硅太阳电池是 1976 年出现的新型薄膜式太阳电池，也是第一代非晶硅太阳电池，它与单晶硅和多晶硅太阳电池的制作方法完全不同，工艺过程大大简化，硅材料消耗很少，电耗更低，它的主要优点是在弱光条件下也能发电，非晶硅太阳电池如图 1-11 所示。非晶硅太阳电池存在的主要问题是光电转换效率偏低，目前实验室先进水平为 20% 左右，但稳定性较差，随着时间的延长，其转换效率衰减相对减缓。但由于非晶硅太阳电池相对于单晶硅和多晶硅电池有着无法替代的优势，如制造成本低、能耗小、光照敏感度好等特点，而且非晶硅可以制作在柔性衬底上，因此对于非晶硅太阳电池的需求比例也逐渐增加。薄膜电池的应用将成为可替代能源的解决方案之一。

图 1-11　非晶硅太阳电池

### 4. 化合物太阳电池

化合物太阳电池是指用两种以上元素半导体材料制成的太阳电池。目前各国研究的品种繁多，虽然大多数尚未工业化生产，但预示着光电转换的发展方向。化合物电池主要包括铜铟镓硒太阳电池、碲化镉太阳电池以及砷化镓太阳电池等，其实物图如图 1-12 所示。由铜(Cu)、铟(In)、镓(Ga)和硒(Se)组成的铜铟镓硒太阳电池(CIGS)的光电转换效率在 10% 左右，研究开发的水平为 12%~14%；碲化镉太阳电池(CdTe)商业转换效率在 10% 左右，实验室研发效率达 16.5%；砷化镓(GaAs)太阳电池实验室最高效率已达到 50%，产业生产转化率可达 30% 以上，主要用于空间光伏发电系统中。

图 1-12 化合物太阳电池

上述电池中，尽管碲化镉薄膜电池的效率较非晶硅薄膜太阳电池效率高，成本较单晶硅电池低，并且也易于大规模生产，但由于镉有剧毒，会对环境造成严重的污染，因此它并不是晶体硅太阳电池最理想的代替品，而砷化镓、铜铟镓硒薄膜电池具有较高的转换效率，受到人们的普遍重视。

### 1.4.3　太阳电池的特性
### 1.4.3　Characteristics of Solar Cells

太阳电池的特性一般包括太阳电池的输入/输出特性、分光感度特性、照度特性以及温度特性。

**1. 太阳电池的输入/输出特性**

太阳电池将太阳的光能转换成电能的能力称为太阳电池的输入/输出特性。当光照射在太阳电池上时，太阳电池的电压($U$)与电流($I$)的关系也可称为 $I$–$U$ 曲线或伏安特性曲线。如图 1-13 所示，伏安特性曲线中最佳工作点对应太阳电池的最大功率(Maximum Power)$P_{max}$，其最大值由最佳工作电压 $U_m$ 与最佳工作电流 $I_m$ 的乘积得到。实际上，太阳电池的工作受负载条件、日照条件的影响，工作点会偏离最佳工作点。图 1-14 中实线代表太阳电池被光照射时的伏安特性，虚线代表太阳电池未被光照射时的伏安特性，$U_{oc}$ 为开路电压，$I_{sc}$ 为短路电压。

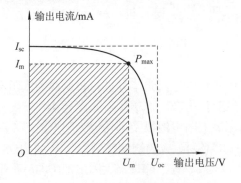

图 1-13　太阳电池的伏安特性

**2. 分光感度特性**

对于太阳电池来说，不同的光照所产生的电量是不同的。例如，红色光所产生的电能与蓝色光所产生的电能是不一样的。一般用分光感度(Spectral Sensitivity)特性来表示光的颜色(波长)与所转换电能的关系。

太阳电池的分光感度特性如图 1-14 所示,不同的太阳电池对于光的感度是不一样的,在使用太阳电池时特别重要。图 1-15 所示为荧光灯的放射频谱与 AM1.5 的太阳光频谱,荧光灯的放射频谱与非晶硅太阳电池的分光感度特性非常一致。由于非晶硅太阳电池在荧光灯下具有优良的特性,因此在荧光灯下(室内)使用非晶硅太阳电池较为合适。

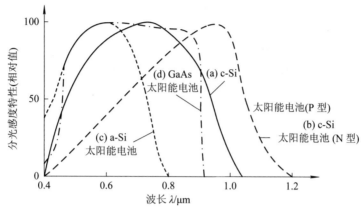

图 1-14　各种太阳电池的分光感度特性

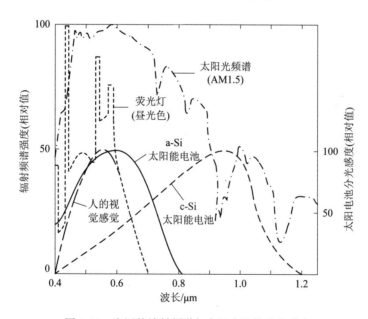

图 1-15　光源的放射频谱与太阳电池的分光感度

### 3. 照度特性

太阳电池的功率随照度(光的强度)的变化而变化。在荧光灯的不同照度下,单晶硅太阳电池以及非晶硅太阳电池的伏安特性如图 1-16 所示。荧光灯、太阳光下的照度特性如图 1-17 所示。由图可知:

(1) 短路电流 $I_{sc}$ 与照度成正比;

(2) 开路电压 $U_{oc}$ 随照度的增加而缓慢地增加；

(3) 最大功率 $P_{max}$ 几乎与照度成比例增加。

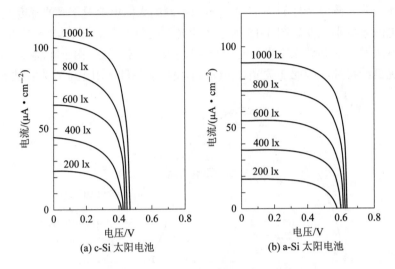

图 1-16    白色荧光灯的不同照度时太阳电池的伏安特性

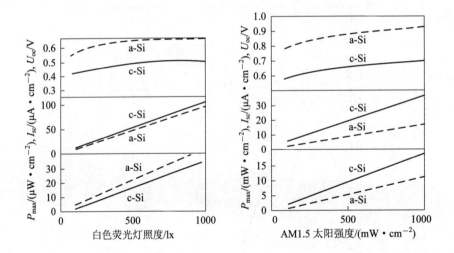

图 1-17    荧光灯、太阳光下的照度特性

另外，填充因子 FF 几乎不受照度的影响，基本保持一定。由于光的强度不同，太阳电池的功率也不同。

### 4. 温度特性

太阳电池的功率随温度变化而变化，如图 1-18 所示。温度上升时，太阳电池的短路电流 $I_{sc}$ 增加，开路电压 $U_{oc}$ 减少，转化效率变小。因此，需要用通风的方式来降低太阳电池的温度以提高太阳电池的转换效率。

太阳电池的温度特性一般使用温度系数表示。温度系数小说明温度越高，功率的变化越小。

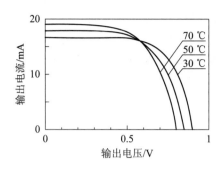

图 1-18　太阳电池的温度特性

### 1.4.4　技术参数
1.4.4　Technical Parameters

太阳电池的技术参数主要有短路电流、开路电压、峰值电流、峰值电压、峰值功率、填充因子和转换效率等。

**1. 开路电压 $U_{oc}$**

太阳电池的正极(+)、负极(−)之间未被连接的状态下的电压，称为开路电压(Open Circuit Voltage)，用 $U_{oc}$ 表示，单位伏特(V)，如图 1-13 所示。太阳电池芯片的开路电压一般为 0.5～0.8 V。

**2. 短路电流 $I_{sc}$**

太阳电池的正极(+)、负极(−)之间用导线连接形成短路状态时的电流，称为短路电流(Short Circuit Current)，用 $I_{sc}$ 表示，单位安培(A)，如图 1-13 所示。短路电流 $I_{sc}$ 值随光的强度变化而变化。

另外，太阳电池单位面积的短路电流称为短路电流密度，其单位是 $A/m^2$ 或者 $mA/cm^2$。

**3. 峰值电流 $I_m$**

峰值电流也叫最大工作电流或最佳工作电流。峰值电流是指太阳电池输出最大功率时的工作电流，峰值电流用 $I_m$ 表示，其单位是 A。

**4. 峰值电压 $U_m$**

峰值电压也叫最大工作电压或最佳工作电压。峰值电压是指太阳电池输出最大功率时的工作电压，峰值电压用 $U_m$ 表示，其单位是 V。

**5. 峰值功率 $P_{max}$**

峰值功率也叫最大输出功率或最佳输出功率。峰值功率是指太阳电池在正常工作或测试条件下的最大输出功率(用 $P_{max}$ 表示)，也就是峰值电流与峰值电压的乘积，即 $P_{max} = U_m \times I_m$。峰值功率的单位是 W。太阳电池的峰值功率取决于太阳辐照度、太阳光谱分布和工作温度，因此太阳电池的测量要在标准条件下进行，具体条件：辐照度 1 $kW/m^2$、光谱 AM1.5、测试温度 25℃。

**6. 填充因子**

填充因子也叫曲线因子，是指太阳电池组件的最大功率与开路电压和短路电流乘积的比值(用 FF 表示)。填充因子是评价太阳电池组件所用电池片输出特性好坏的一个重要参数，它的值越高，表明所用太阳电池组件输出特性越趋于矩形，电池组件的光电转换效率越高。太阳电池组件的填充因子系数一般在 0.5～0.8 之间，也可以用百分数表示，即

$$FF = \frac{P_{max}}{U_{oc}I_{sc}} \times 100\%$$

填充因子是一个无单位的量，是衡量太阳电池性能的一个重要指标。填充因子为 1 时被视为理想的太阳电池特性。

**7. 太阳电池的转换效率**

太阳电池的转换效率(Conversion Efficienc)$\eta$ 定义为，在标准辐照条件(AM1.5)下，电池的最大输出功率与输入光功率的比值，用来表示照射在太阳电池的光能量转换电能的大小。其公式表示为

$$转换效率\ \eta = \frac{输出数量}{入射能量} \times 100\%$$

例如，太阳电池的面积为 1 $m^2$，太阳光的能量为 1 $kW/m^2$，如果太阳电池的发电功率为 0.1 kW，则太阳电池的转换效率 = (0.1 kW/1 kW) × 100% = 10%，转换效率 10%意味着照射在太阳电池上的光能只有十分之一的能量被转换成电能。

太阳电池的转换效率是衡量太阳电池性能的另一个重要指标。但是对于同一块太阳电池来说，太阳电池的负载变化会导致其转换效率发生变化。为了统一标准，一般采用公称效率(Nominal Efficiency)来表示太阳电池的转换效率。即对于在地面上使用的太阳电池，太阳电池芯片的温度为 25℃，太阳辐射的通过空气量 AM 为 1.5 时、入射光能 100 $mW/cm^2$ 与负载条件变化时的最大电气输出之比的百分数。厂家的产品说明书中的太阳电池转换效率就是根据上述条件测量得出的转换效率。

### 新材料

### 钙钛矿电池

钙钛矿电池(Perovskite Solar Cells)，是利用钙钛矿型的有机金属卤化物半导体作为吸光材料的太阳能电池，属于第三代太阳能电池，也称作新概念太阳能电池。它是一种分子通式为 $ABO_3$ 的晶体材料，呈八面体形状，是一种具有很强光-电转换效率的材料，由于其光吸收系数高、载流子迁移率大、合成方法简单等优点，在光伏、LED 等领域应用广泛。

钙钛矿电池转换效率提升速度明显高于晶硅类。理论上单结钙钛矿电池最高光-电转换效率可达 31%，多结钙钛矿电池最高光-电转换效率可达 47%，显著高于晶体硅太阳能电池。

由于高转化率和低成本的优势，钙钛矿电池适用于大型电站等场景。同时因其轻薄、柔性和可定制的特性，一旦突破了关键技术问题，未来有望广泛应用于光伏建筑一体化、电子消费产品、传感器、布料等多种场景。但是其稳定性差，氧化、光辐照、紫外线等都会对钙钛矿电池的稳定性产生显著影响；寿命相对较短，目前钙钛矿电池寿命不长，最高寿命为 3000 小时，而晶硅电池寿命为 25 年；同时，它还存在尺寸小、原料有毒性等缺点。但是综合来看，钙钛矿电池转换效率有望达到晶硅电池的近两倍，成本能够降到后者的

50%，甚至更低。因此，更便宜、更容易制造的钙钛矿太阳能电池，很有可能改变整个太阳能电池的格局。

**新技术**

**PERC 技术**

PERC(Passivated Emitter and Rear Cell)是指发射极及背面钝化电池，作为一种高效的电池技术，自开始导入量产后，便迅速被光伏电池企业所引入，替代常规铝背场电场(BSF)技术快速扩张并沿用至今。PERC 电池是从早期的 BSF 电池升级而来，并得到了行业的广泛应用，其电池结构如图 1-19 所示。它通过在 BSF 结构的基础上增加背面钝化层，降低少数载流子的复合，提升电池的转换效率。

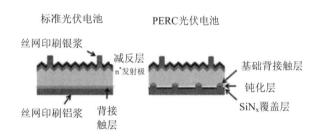

图 1-19　PERC 光伏电池与标准光伏电池

PERC 电池的实验室制备，采用了光刻、蒸镀、热氧钝化、电镀等技术。PERC 电池与常规电池最大的区别在于背表面介质膜钝化，采用局域金属接触，大大降低了背表面复合速度，同时提升了背表面的光反射。PERC 技术以背面钝化层的沉积和激光开槽为主，后续在此基础上进行工艺改进优化时，增加了正面的 SE 激光和光注入/电注入退火等工艺，未来随着光伏技术的不断进步，为提升 PERC 电池的量产效率，也必将会对电池工艺进行进一步的改进与优化。

PERC 电池技术具有强大的包容性，可以兼容各类电池技术乃至硅片端的技术，在 PERC 技术被发明和应用以来，其量产效率也从开始的 20%左右一路提升到现在的 23.5%左右，采用 PERC 电池技术的单晶和多晶硅电池的平均转换效率均得到进一步提升，成本也将进一步下降。预计在未来三年,PERC 的量产效率可以达到 24%左右。到 2025 年,PERC 电池市场占有率将超过 50%。

## 1.5　充电控制电路

1.5　Charging Control Circuit

充电控制电路的基本组成是直流斩波电路。直流斩波电路是将直流电压变成另一个固定电压或大小可调的直流电压。直流电压变换电路一般是指直接将一个直流电变为另一固定或可调电压的直流电，不包括直流-交流-直流的情况。

直流斩波电路根据其电路形式的不同可以分为降压式电路、升压式电路、升降压式电路、库克式斩波电路和全桥式斩波电路。其中降压式和升压式斩波电路是基本形式，升降压式和库克式是它们的组合，而全桥式则属于降压式。下面重点介绍直流斩波电路的工作原理，升压、降压式斩波电路以及升降压斩波电路。

### 1.5.1 直流斩波电路的工作原理
#### 1.5.1 Working Principle of DC Chopper Circuit

直流斩波电路是直流变换电路中最常用的一种控制方式，基本电路如图 1-20(a)所示。当开关 S 闭合时，负载电压 $U_O = U_d$，持续时间为 $T_{ON}$；当开关 S 断开时，负载电压 $U_O = 0$ V，持续时间为 $T_{OFF}$。斩波电路的工作周期 $T = T_{ON} + T_{OFF}$。电路的输出电压、电流波形如图 1-20(b)所示。

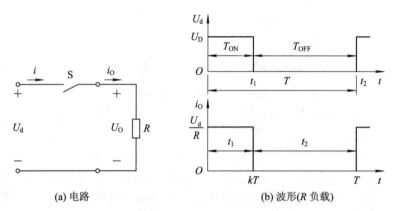

(a) 电路            (b) 波形(R 负载)

图 1-20　直流斩波电路

由波形图可得输出电压平均值为

$$U_O = \frac{T_{ON}}{T_{ON} + T_{OFF}} U_d$$

占空比 $k$ 定义为

$$k = \frac{T_{ON}}{T_{ON} + T_{OFF}} = \frac{T_{ON}}{T} = T_{ON} \times f$$

式中，$T_{ON}$ 和 $T$ 分别为开关导通时间和周期，$f$ 为开关频率。

占空比 $k$ 的改变可以通过改变 $T_{ON}$ 或 $T_{OFF}$ 来实现。维持 $T$ 不变，改变 $T_{ON}$ 称为脉宽调制工作方式；维持 $T_{ON}$ 不变，改变 $T$ 称为频率调制工作方式。普遍采用的是脉宽调制工作方式，因为采用频率调制工作方式容易产生谐波干扰，而且滤波器设计比较困难。

### 1.5.2 降压斩波电路
#### 1.5.2 Buck Chopper

降压斩波(Buck)电路如图 1-21 所示。该电路开关器件可以是双极结型晶体管(BJT)、金

属氧化物半导体场效应晶体管(MOSFET)或绝
缘栅双极晶体管(IGBT)。开关以较高频率周期
性地导通和关断,典型频率为几十千赫兹。

　　因为降压变换器广泛地用于给电池充电,
所以又被称为电池充电变换器。在充电期间,
它需要将直流母线电压降至电池电压。其在一
个周期的导通期间,开关是闭合的,电路工作
原理如图 1-22(a)所示,此时直流电源不仅为负
载供电,还给电感和电容充电;而在关断期间,
开关是打开的,电路工作原理如图 1-22(b)所

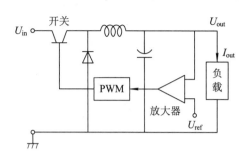

图 1-21　降压斩波电路

示。此时虽然直流电源输出功率为零,但是电感和电容中储存的能量仍能为负载提供足够
的功率。因此,电感和电容提供了短时能量存储,以在开关器件关断期间为负载供能,关
断期间负载中的电流称为续流电流,而二极管称为续流二极管。整个完整周期内电流和电
压的波形如图 1-23 所示。在设计中,有时会在负载端放置一个合适的泄流电阻以使变换器
在无负载的情况下也能工作。

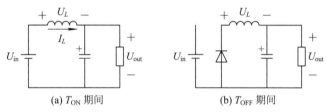

(a) $T_{ON}$ 期间　　　　　　　　　(b) $T_{OFF}$ 期间

图 1-22　降压变换器在开关导通和关断期间的工作原理

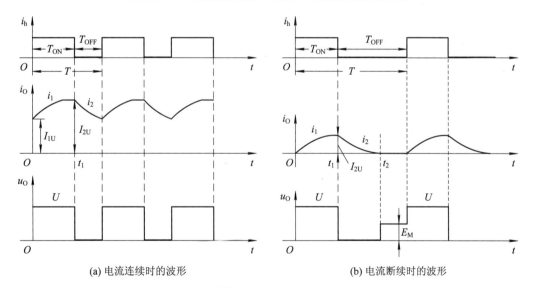

(a) 电流连续时的波形　　　　　　　　(b) 电流断续时的波形

图 1-23　直流降压斩波电路的电压、电流波形

电路输出电压平均值为

$$U_O = \frac{T_{ON}}{T_{ON}+T_{OFF}}U = \frac{T_{ON}}{T}U = kU$$

由于 $k<1$，所以 $U_O<U$，即斩波器输出电压平均值小于输入电压，故称为降压斩波电路。负载平均电流为

$$I_O = \frac{U_O}{R}$$

### 1.5.3 升压斩波电路

#### 1.5.3 Boost Chopper

升压斩波(Boost)电路如图 1-24 所示。升压斩波电路与降压斩波电路最大的不同点是，斩波控制开关 VT 与负载呈并联形式连接，储能电感与负载呈串联形式连接。

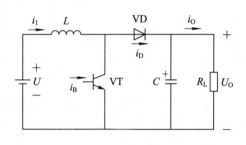

当 VT 导通时($T_{ON}$)，能量储存在 $L$ 中。由于 VD 截止，所以 $T_{ON}$ 期间负载电流由 $C$ 供给。在 $T_{OFF}$ 期间，VT 截止，储存在 $L$ 中的能量通过 VD 传送到负载和 $C$，其电压的极性与 $U$ 相同，且与 $U$ 相串联，产生升压作用。

图 1-24 升压斩波电路

如图 1-25 所示，升压斩波电路的输入电流连续，输出电流断续，使用低压侧开关，效率可达 92%以上。

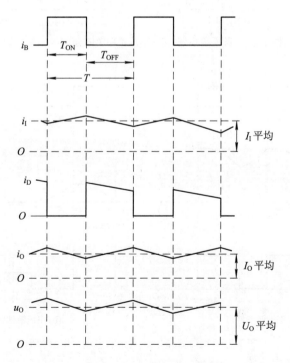

图 1-25 升压斩波电路的电压、电流波形

如果忽略损耗和开关器件上的电压降，则有

$$U_{\mathrm{O}} = \frac{T_{\mathrm{ON}} + T_{\mathrm{OFF}}}{T_{\mathrm{OFF}}} U = \frac{T}{T_{\mathrm{OFF}}} U = \frac{1}{1-k} U$$

式中，$\dfrac{T}{T_{\mathrm{OFF}}} \geqslant 1$，输出电压高于电源电压，故称该电路为升压斩波电路。$\dfrac{T}{T_{\mathrm{OFF}}}$ 表示升压比，调节其大小，即可改变输出电压 $U_{\mathrm{O}}$ 的大小。它被广泛地用于电池放电，以常压为负载供电，所以又称为电池放电变换器。由于电池电压会随着放电程度的加深而降低，因此电压变换器需要一个反馈控制的占空比，以持续提升电池电压，从而调节供给负载的输出电压。

### 1.5.4  升降压斩波电路
### 1.5.4  Boost-Buck Chopper

升降压斩波(Boost-Buck)电路可以得到高于或低于输入电压的输出电压，电路原理如图 1-26 所示。该电路的结构特征是储能电感 $L$ 与负载 $R$ 并联，续流二极管 VD 反向串联在储能电感 $L$ 与负载 $R$ 之间。电路分析前可先假设电路中电感 $L$ 很大，使电感电流 $i_L$ 和电容电压及负载电压 $u_{\mathrm{O}}$ 基本稳定。

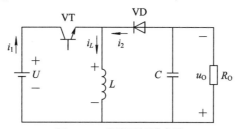

图 1-26  升降压斩波电路

电路的基本工作原理：VT 导通时，电源 $U$ 经 VT 向 $L$ 供电使其储能，此时二极管 VD 反偏，流过 VT 的电流为 $i_1(i_{\mathrm{VT}})$。由于 VD 反偏截止，电容 $C$ 向负载 $R$ 提供能量并维持输出电压基本稳定，负载 $R$ 及电容 $C$ 上的电压极性为上负下正，与电源极性相反。VT 关断时，电感 $L$ 极性变反，VD 正偏导通，流过 VD 的电流为 $i_2$。$L$ 中储存的能量通过 VD 向负载释放，同时电容 $C$ 被充电储能，流过电感 $L$ 的电流为 $i_L$。负载电压极性为上负下正，与电源电压极性相反，该电路也称作反极性斩波电路。升降压斩波电路连续工作波形如图 1-27 所示。

输出电压为

$$U_{\mathrm{O}} = \frac{T_{\mathrm{ON}}}{T_{\mathrm{OFF}}} U = \frac{T_{\mathrm{ON}}}{T - T_{\mathrm{ON}}} U = \frac{k}{1-k} U$$

其中，$k$ 为占空比，$k = \dfrac{T_{\mathrm{ON}}}{T}$。

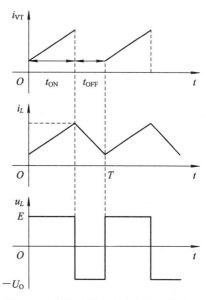

图 1-27  升降压斩波电路连续工作波形

当 $0<k<\dfrac{1}{2}$ 时，斩波器输出电压低于直流电源输入，此时为降压斩波器。当 $k=\dfrac{1}{2}$ 时，

电压比等于 1。当 $\dfrac{1}{2}<k<1$ 时，斩波器输出电压高于直流电源输入，此时为升压斩波器。如

图 1-28 所示，输出电压随占空比 $k$ 的变化而变化，使得它既可以降压，也可以升压，这是
它的主要优点。

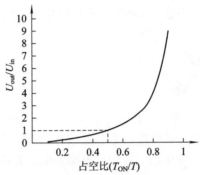

图 1-28  升降压变换器电压比与占空比之间的关系

假设电路所有元件无损耗，则输入功率 $P_I$ 就等于输出功率 $P_O$，即

$$UI_I=U_OI_O$$

得

$$\frac{I_O}{I_I}=\frac{U}{U_O}=\frac{1-k}{k}$$

# 1.6  锂离子电池

## 1.6  Lithium Ion Battery

### 1.6.1  锂电池的结构与工作原理

### 1.6.1  Structure and Working Principle of Lithium Battery

手机电池一般用的是锂离子电池，锂离子电池自 1990 年问世以来，以其卓越的性能得
到了迅猛的发展，并广泛地应用于手机、笔记本电脑等设备。锂电池具有无污染(锂离子电
池不含有诸如镉、铅、汞之类的有害金属物质)、循环寿命高、无记忆效应以及快速充电的
优点，但缺点是若没有配合良好的充放电装置，锂电池容易因为过充电或过放电导致爆炸
而造成人员伤害。

锂离子电池是指分别用两个能可逆地嵌入与脱嵌锂离子的化合物作为正负极构成的二
次电池。人们将这种靠锂离子在正负极之间的转移来完成电池充放电工作，具有独特机理
的锂离子电池形象地称为"摇椅式电池"，俗称"锂电"。

当电池充电时，锂离子从正极中脱嵌，在负极中嵌入，放电时反之。这就需要一个电
极在组装前处于嵌锂状态，一般选择在空气中稳定的层状多元过渡金属氧化物作正极，如

$LiCoO_2$、$LiNiO_2$、$LiMn_2O_4$，充放电过程如图 1-29 所示。

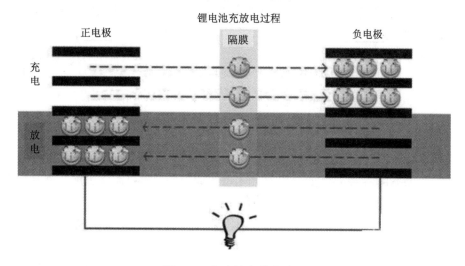

图 1-29　锂电池充放电过程

　　根据锂离子电池所用电解质材料不同，锂离子电池可以分为液态锂离子电池和聚合物锂离子电池两大类。聚合物锂离子电池所用的正负极材料与液态锂离子都是相同的，正极材料可分为钴酸锂、锰酸锂、三元材料和磷酸铁锂材料，负极为石墨，电池的工作原理也基本一致。它们的主要区别在于电解质不同，液态锂离子电池使用的是液体电解质，而聚合物锂离子电池则以固体聚合物电解质来代替，这种聚合物可以是"干态"的，也可以是"胶态"的，目前大部分采用聚合物胶体电解质。

### 1.6.2　锂离子电池的参数
### 1.6.2　Parameters of Lithium Ion Battery

**1. 标称容量**

　　标称容量指电池按规定充电方式标准充电至 4.2 V 后，搁置 0.5～1 小时，再以 0.2C5 A 电流恒流放电，截至电压为 2.75 V 时所释放的容量。

　　0.2C5 表示电池充放电时使用的电流大小为标称容量值的 0.2 倍，0.2C5 A 表示电池测试时用 0.2C5 的电流来充电或放电。

**2. 标称电压**

　　国标中规定单节锂离子电池标称电压为 3.7 V。

**3. 循环寿命**

　　在环境温度$(20 \pm 5)$℃的条件下，以 1.0C5A 恒流充电，当电池电压达到 4.2V 时，改为恒压充电，直到充电电流小于或等于 20 mA，停止充电，搁置 0.5～1 小时，然后以 1.0C5A 电流恒流放电至终止电压 2.75 V，放电结束后搁置 0.5～1 小时，再进行下一个充放电循环，直至连续两次放电时间小于 36 分钟，则认为寿命终止。一般循环寿命不小于 300 次。

**4. 内阻**

　　一般锂离子电池的内阻在 150 mΩ 以内。

**5. 平台时间**

平台时间是指电池在满电状态下(4.2 V)，以 0.2C5A 电流恒流放电至电压 2.75 V 释放容量所用的时间，一般不小于 45 分钟。

### 1.6.3 锂离子电池充放电
### 1.6.3 Charging and Discharging of Lithium Ion Battery

**1. 锂离子电池充电**

锂电池放置一段时间后则进入休眠状态，此时容量低于正常值，使用时间亦随之缩短。但锂电池很容易激活，只要经过 3～5 次正常的充放电循环就可激活电池，恢复正常容量。由于锂电池本身的特性，决定了它几乎没有记忆效应。

对锂离子电池充电，应使用专用的锂离子电池充电器。锂离子电池充电采用"恒流/恒压"方式，先恒流充电，到接近终止电压时改为恒压充电。如一种 800mA·h 容量的电池，其终止充电电压为 4.2 V。电池以 800 mA(充电率为 1C)恒流充电，开始时电池电压以较大的斜率上升。当电池电压接近 4.2 V 时，改成 4.2 V 恒压充电，锂电池电流渐降，电压变化不大，到充电电流降为 1/10C (约 80 mA)时，认为电池接近充满可以终止充电。不能用充镍镉电池的充电器来充锂离子电池(虽然额定电压一样，都是 3.6 V)，由于充电方式不同，容易造成锂离子电池过充。

**2. 充放电注意事项**

锂离子电池过度充放电会对正负极造成永久性损坏。过度放电导致负极碳片层结构出现塌陷，而塌陷会造成充电过程中锂离子无法插入；过度充电使过多的锂离子嵌入负极碳结构，从而造成其中部分锂离子再也无法释放出来。

充电量等于充电电流乘以充电时间，在充电控制电压一定的情况下，充电电流越大(充电速度越快)，充电电量越小。电池充电速度过快和终止电压控制点不当，同样会造成电池容量不足，实际是电池的部分电极活性物质没有得到充分反应就停止充电，这种充电不足的现象会随着循环次数的增加而加剧。

## 1.7 任务实施
## 1.7 Implementation of Task

### 1.7.1 系统方案设计
### 1.7.1 System Design

本项目中设计的太阳能手机充电系统由太阳电池组件、DC-DC 升压电路、锂电池充电管理电路、锂离子电池等组成，系统框图如图 1-30 所示，在实现过程中重点考虑太阳能电池组件、控制电路与负载(锂离子电池)三部分内容。

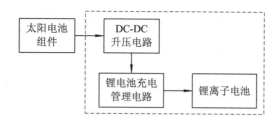

图 1-30　太阳能手机充电系统框图

## 1.7.2　太阳电池组件的选型与计算
### 1.7.2　Selection and Calculation of PV Module

**1. 组件材料的选择**

作为手机充电的太阳电池组件，一般只要电压和功率满足充电要求就能实现手机充电，所以选择单晶硅、多晶硅或者薄膜光伏组件，没有具体要求，但从随身携带方便的角度考虑，可以选用薄膜光伏柔性组件，其外形如图 1-31 所示。这里薄膜光伏柔性电池可以选择非晶硅或者铜铟镓硒柔性组件。

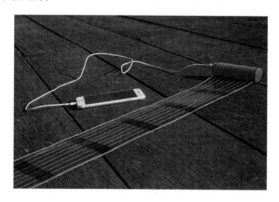

图 1-31　薄膜光伏柔性电池

**2. 组件电压的确定**

手机锂电池电压一般在 3～4.2 V 范围内，4.2 V 是电池充满电后的最高电压，3.6 V 是额定电压，是放电曲线中最稳定的电压值。锂电池电源管理芯片控制充电，当电压达到 4.2 V 时停止充电。要实现手机锂离子电池 3.6 V 电压充电，充电光伏组件的电压必须达到 5.2 V(5.2 V = 1.43 × 3.6 V)。

**3. 组件功率的计算**

(1) 如果不考虑锂离子电池充电时间，可选择小功率光伏组件，参数见表 1-1。项目中手机锂离子电池标称容量 $C$ 为 1500 mA·h，推荐充电电流为 0.5 C，则充电电流为 0.5 × 1500 = 750 mA。光伏组件的最大工作电流范围为(0.9 ± 0.08)A，光强较强时组件满足充电要求，这种情况需要配置合适的稳压电路。假设充电电流为 800 mA，则充电时间小于两个小时。但是一般光照时，光伏组件的最大工作电流不能达到几百毫安，所以实际充电时间较长。

表 1-1 小功率光伏电池组件参数

| 编号 | 项目(Item) | 规格 |
|---|---|---|
| 01 | 封装方式 | 金属背板+高阻水封装磨砂前板 |
| 03 | 电池类型(Solar Cell) | 铜铟镓硒(CIGS) |
| 04 | 最大功率(Pmax) | $(5.5 \pm 0.5)$W |
| 05 | 最大工作电压(Operating Voltage) | $(6.2 \pm 0.3)$V |
| 06 | 最大工作电流(Operating Current) | $(0.9 \pm 0.08)$A |
| 07 | 开路电压(Open Circuit Voltage，$U_{oc}$) | $(7.9 \pm 0.4)$V |
| 08 | 短路电流(Short Circuit Current，$I_{sc}$) | $(1.0 \pm 0.1)$A |
| 09 | 工作温度(Operating Temperature) | $-35 \sim 70℃$ |
| 10 | 尺寸(Dimensions) | 270 mm × 175 mm × 2.8 mm |

(2) 如果考虑将手机电池在短时间内充满，则需要选用大功率光伏组件，或者将小功率光伏组件串并联得到大功率组件。本方案选择两块小功率光伏组件串联，然后使用直流 PWM 控制电路进行电压变换给锂离子电池充电。

### 1.7.3 控制电路设计

### 1.7.3 Control Circuit Design

本项目方案设计中，充电控制电路采用 MC34063 组成的降压式开关电路，如图 1-32 所示。电路主要由储能电感 $L$、续流二极管 VD 和滤波电容 $C$ 组成，外围元件少。MC34063 的开关频率由 $C_T$ 设定，其允许范围为 100 Hz～100 kHz；限流电阻 $R_{sc}$ 可按检测电压 330 mV 设置；其内部驱动输出管的最大电流为 1.5 A，最高输入电压可达 40 V。无负载时，初级电流为 8～18 mA。5 V 输出电压由取样电路 $R_1$、$R_2$ 设定，取样电压送入 5 脚内部比较器的反相输入端，正相输入端接入 1.25 V 内部基准电压。当输出电压降低时，取样电压低于基准电压，比较器输出高电平，将内部与门接通，振荡器的输出通过与门将触发器置位，

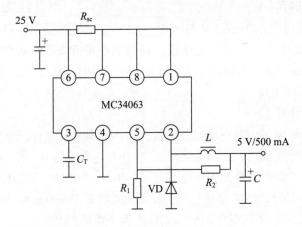

图 1-32 MC34063 组成的降压式电路

其输出端 $Q$ 输出高电平，开关管导通输出 1.5 A 电流，向储能电感 $L$ 存储磁能，并向负载提供电流。随后，振荡脉冲的下降沿使触发器复位输出，开关管截止，$L$ 释放能量，使 VD 导通继续向负载提供电流。在开关管导通期间，如果输出电压上升超过 5 V，取样电压将随之升高，使比较器输出低电平，关闭与门，振荡器输出被阻断，触发器无输出，开关管被关断。通过上述调整过程，使输出电压保持稳定。

充电控制电路的核心器件选用集成电路 MC34063。它由具有温度自动补偿功能的基准电压发生器、比较器、占空比可控的振荡器、R-S 触发器和大电流输出开关电路等组成，集成电路 MC34063 内部结构及引脚功能如图 1-33 所示，由它构成的电路仅用少量的外部元器件。其主要特性：输入电压范围为 2.5～40 V；输出电压可调范围为 1.25～40 V；输出电流可达 1.5 A；工作频率最高可达 100 kHz；低静态电流；短路电流限制。

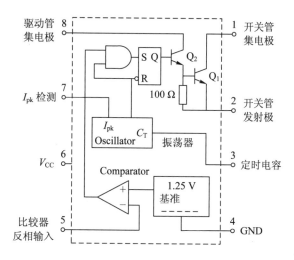

图 1-33　MC34063 的内部结构及引脚功能

图 1-33 所示的控制电路输入电压最高为 40 V，如果选用上述光伏组件三块串联电压可以达到 18 V 左右，在输入电压范围 40 V 以内；输出电压为 5 V，输出电流为 500 mA，符合手机电池充电的要求。

## 1.8　应用案例
### 1.8　Application Cases

### 1.8.1　太阳能计算器
#### 1.8.1　Solar Calculator

1958 年，太阳电池在人造卫星上首次被使用。由于价格昂贵，20 世纪 70 年代前太阳电池未得到广泛使用。1962 年在收音机上使用了太阳电池，拉开了太阳电池在民用上的序幕。但由于当时三极管的耗电功率较大，未能得到广泛应用。随着半导体集成电路的发展，电子产品的耗电功率大幅度下降以及非晶硅电池的制造成功，1980 年太阳电池被应用于计算器。从此以后，相继出现了太阳能计算器、太阳能钟表等电子产品，使太阳电池在民用上得到越来越广泛的应用。

太阳能计算器是将太阳电池作为独立电源来使用的。液晶显示的计算器所消耗的电量小，即使在荧光灯下太阳电池所产生的电量也能够充分地驱动计算器。目前，计算器用的太阳电池大部分选用 a-Si(非晶硅)太阳电池。图 1-1(b)是装有 a-Si 太阳能电池的计算器。

目前电子计算器上所使用的太阳电池大多是输出为 1.5 V 的电池组件，串联的电池组片有 5 片或 4 片。表 1-2 是日本富士电机生产的非晶硅太阳电池组件性能规格。图 1-34 所示是液晶显示计算器用的太阳能电池的外形图。

**表 1-2　日本富士电机生产的非晶硅太阳电池组件性能规格**

| 组件型号 | ELA001 | ELA003 | ELA004 | ELA011 | ELA012 | ELA017 | ELA019 | ELA021 |
|---|---|---|---|---|---|---|---|---|
| 尺寸/mm | 55 × 8 | 55 × 27 | 55 × 20 | 55 × 13.5 | 40.5 × 18.3 | 35.1 × 13.7 | 53 × 17.4 | 55 × 8.1 |
| 单片面积/cm² | 8 | 1.18 | 1.2 | 1.0 | 1 | 0.7 | 1.6 | 4 |
| 串联的电池片数/片 | 10 | 9 | 7 | 5 | 5 | 4 | 4 | 8 |
| 最大输出功率/μW | 90 | 30 | 30 | 15 | 15 | 10 | 23 | 48 mW |
| 电压/V | 3 | 3 | 3 | 1.5 | 1.5 | 1.5 | 1.5 | 3 |
| 电流/μA | 30 | 10 | 10 | 10 | 10 | 7 | 15 | 16 mA |
| 条件 | 在 100 lx 荧光灯下 | | | | | | | 50 mW/m² 日光下 |

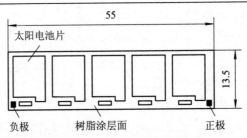

图 1-34　太阳能电池外形图

太阳能计算器内部电路结构如图 1-35 所示，计算器电源部分由扣式电池替换为太阳电池。太阳能计算器通常是在室内光 200～800 lx 下使用。在照明下最低亮度为 50 lx，也能正常工作。而在完全晴天的太阳光下最高亮度有可能达到 $1.2 \times 10^5$ lx，因此考虑到不同亮度下太阳电池输出特性不同，需要进行电路设计来确保太阳能计算器稳定工作。

太阳能计算器的内部控制电路型号也很多(例如 D1815、T6896、T6853、LI-3160、KS6027 等)，但它们都有共同的特点，即工作电源电压低(1.5 V)，功耗电流极小，其静态工作电流只有几微安(一般不超过 6 μA)。其电源部分的电路如图 1-36 所示。图中：IC 为太阳能计算器的集成电路；SB 为太阳能电池(即硅光电池)；VD 为发光二极管，$C$ 为电解电容器。太阳能电池"SB"接收光能，并将光能转换为电能输出供给集成电路 IC 作为工作电源。在光照度足够强的情况下，"SB"空载电压可达 2.5 V 以上，接上 IC 后，其电压仍可达 1.8 V 以上，远远高出 IC 的工作电压 1.5 V 的要求，这将使液晶显示器显示数字时产生严重的交叉效应，无法正常读数。因此在"SB"两端正向接上发光二极管 VD 和电容作为稳压用，将工作电源电压稳定在 1.5 V 左右。

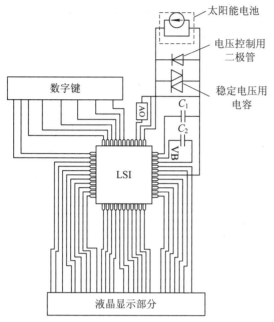

图 1-35　太阳能计算器内部电路结构

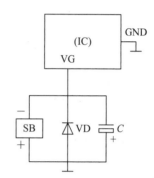

图 1-36　太阳能计算器内部控制电路

## 1.8.2　共享单车供电系统

### 1.8.2　Power Supply System of Shared Bicyles

随着共享经济的快速发展，共享单车以其快捷方便的租赁模式，迅速得到广大消费者的认可，成为最为成功的共享经济产物。目前的共享单车主要基于扫码开锁的智能锁技术，方便通过移动终端实现快速开锁和关锁操作。智能锁内部结构如图 1-37 所示。它具备通信功能和相关的控制装置、驱动装置，这些装置由电池提供电力来保证正常工作。目前共享单车都采用太阳能电池板作为充电电源，太阳能电池板主要安装在共享单车前部的车筐底部，方便用户盛放物品并为智能锁提供电力供应。因为共享单车多数情况下都是停在路边，阳光直射，所以即便这样相对简陋的太阳能板，也可以保证系统用电。

图 1-37　共享单车智能锁内部结构

#### 1. 供电系统构成

共享单车太阳能供电系统由太阳能板、稳压电路、充电管理电路、降压电路以及锂电池等构成，如图 1-38 所示。

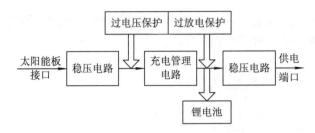

图 1-38　共享单车太阳能供电系统

### 2. 太阳电池组件

与晶硅电池相比，铜铟镓硒薄膜太阳电池有着弱光性好、质量轻、光吸收能力强、温度系数低等优势。

(1) 铜铟镓硒薄膜电池弱光性能优势明显，无论在清晨、傍晚，还是阴雨天等弱光环境下都能发电。同时，经过较长一段时间发电后，其发电性能不会逐渐减退，发电稳定性好。该种电池高的阴影遮挡容忍度以及低的光致衰减特性使共享单车上的电池板在被弄脏或者放在阴凉地方时，对发电量影响相对较小，共享单车可以稳定工作。

(2) 铜铟镓硒薄膜太阳电池很薄，自重很小，具有很好的可弯曲性，还可以根据设计需要个性化定制，这一抗颠簸和方便安装的特性使得铜铟镓硒薄膜太阳电池可以用在共享单车上。

(3) 铜铟镓硒太阳电池组件可吸收光谱波长范围广，光吸收能力强，单位时间内转换成的电能多。该种电池与同一瓦数级别的晶硅太阳电池相比，总发电量每天可以超出 20%，相同功率条件下，需要的安装面积和成本就会低，这恰好满足共享单车车筐面积有限的限制。

(4) 铜铟镓硒太阳电池组件具有较低温度系数，这种太阳电池的实际发电量不会随着温度的变化有大的差异，这一特性使得共享单车无论是在海南三亚的盛夏，还是漠河冬季的极寒天气，都能持续正常工作，全年续航。

因此共享单车光伏组件一般选用铜铟镓硒薄膜电池，如图 1-39 所示。

图 1-39　共享单车太阳能光伏组件

### 3. 智能锁硬件系统

智能锁硬件系统以 CC2541 蓝牙芯片最小系统为主控模块，通过连接 GPRS、GPS 模块完成通信，设计太阳能充电电路进行供电，并添加其他外围电路实现具体功能，整体硬件框架如图 1-40 所示。智能锁供电电源通常采用锂电池供电，各种单车内置锂电池规格略有不同，常见规格为 3.7 V/4400 mA·h。

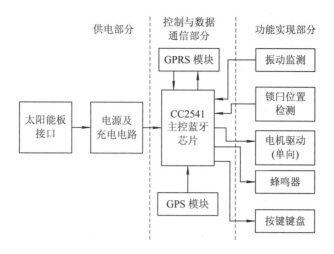

图 1-40　智能锁系统硬件框架

## 【课后任务】

### 【After-class Assignments】

如图 1-41 所示，设计一个太阳能充电宝，容量为 10 000 mA·h，包括组件的选型与容量计算、控制电路选择。

图 1-41　太阳能充电宝

## 【课后习题】

### 【After-class Exercises】

1. 简述晶体硅太阳能电池的工作原理。
2. 简述太阳能光伏发电的优缺点。
3. 简述常用太阳能光伏电池的分类。
4. 说明光伏发电系统的组成及各个部分的作用。
5. 光伏发电系统的一般分类如何？各种类型光伏发电系统的工作原理如何？
6. 常用储能电池的类型有哪些？

7. 简述锂离子电池的工作原理及其特点。

8. 简述锂离子电池的命名规则。

9. 简述锂离子电池使用、维护保养注意事项。

# 【实训一】 光伏组件测试

【Practical Training Ⅰ】 Module Test

## 一、实训目的

掌握光伏组件的测试以及光伏阵列的连接方式。

## 二、实训设备

太阳能电池组件、光伏发电实训设备(康尼)如图 1-42 所示。

图 1-42　光伏发电实训设备

## 三、实训内容

(1) 转动太阳能电池板，改变太阳光线与太阳能电池板之间的入射角度，测得在各角度时，太阳能电池板输出电压填入表 1-3、表 1-4 中。

表 1-3　晶硅电池测试结果

| 编号 | 角度值/(°) | 电池板输出电压 | 电池板输出电流 | 电池内阻 |
|------|-----------|--------------|--------------|---------|
| 1 | 0 | | | |
| 2 | 30 | | | |
| 3 | 45 | | | |
| 4 | 60 | | | |
| 5 | 90 | | | |

表 1-4　非晶硅电池测试结果

| 编号 | 角度值/(°) | 电池板输出电压 | 电池板输出电流 | 电池内阻 |
|------|-----------|--------------|--------------|---------|
| 1 | 0 | | | |
| 2 | 30 | | | |
| 3 | 45 | | | |
| 4 | 60 | | | |
| 5 | 90 | | | |

(2) 选择足够大的几种遮光度不同的材料，如白纸、布、塑料膜等，分别用所选择的材料遮挡整块电池板，记录每一种情况下太阳能电池板输出的端电压、电流等，填入表 1-5 中。

表 1-5　不同遮光情况测试结果

| 编号 | 遮挡 | 电池板输出电压 | 电池板输出电流 | 电池内阻 |
|------|------|--------------|--------------|---------|
| 1 | 1/2 | | | |
| 2 | 1/4 | | | |
| 3 | 1/8 | | | |
| 4 | 全部 | | | |
| 5 | 不遮挡 | | | |

(3) 观察康尼光伏发电设备(独立光伏发电系统)，系统工作电压为多少伏，组件的工作电压为多少伏，组件是怎样串并联的？

(4) 如购买电池，需要检测哪些性能参数？

(5) 测试总结，撰写实训报告。

# 项目 2  太阳能路灯系统设计

## Item Ⅱ Design of Solar Street Lighting System

## 2.1 任务提出

### 2.1 Proposal of Task

太阳能路灯使用太阳能光伏电池提供电能，实现了真正意义的绿色、环保、节能。与我国政府提出的实现绿色 GDP 增长的要求相一致。太阳能路灯的安装简单、方便，无需像普通路灯那样做铺设电缆等大量基础工程，只需要有一个基座固定，所有的线路和控制部分均放置在灯架之中，形成一个整体，运行维护成本低廉。整个系统运行均为自动控制，无需人为干预，几乎不产生维护成本，适用于城市道路、人行道、广场、学校、公园、庭院、居住区、厂区以及其他需要室外照明的场所。

本项目要求设计一套在新疆乌鲁木齐使用的太阳能路灯照明系统，路灯为 40 W 的 LED 灯，每天工作 10 个小时，如图 2-1 所示。

图 2-1  太阳能路灯

## 2.2 任务解析

### 2.2 Analysis of Task

太阳能路灯系统的工作原理是利用太阳能光伏组件吸收太阳光并转换为电能，通过控制器存储到蓄电池中，当夜晚来临时(或天空亮度不够时)，控制器再控制蓄电池给高效节能 LED 灯光源供电，实现环境照明。系统由灯杆、太阳能电池组件、蓄电池、电脑控制以及光源(灯具)组成，如图 2-2 所示。本项目的设计原则是考虑可靠性及经济性，在满足负载用电需要的前提下，尽可能少的使用太阳能电池组件和蓄电池。

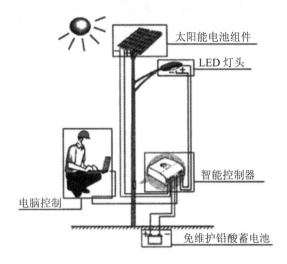

图 2-2 太阳能路灯系统结构与组成

## 2.3 独立光伏发电系统

**2.3** Off-grid Photovoltaic Power Generation System

在长期能源战略中，太阳能光伏发电将成为人类社会未来能源的基石、世界能源舞台的主角。它在太阳能热发电、风力发电、海洋发电、生物质能发电等许多可再生能源中具有更重要的地位。太阳能光伏发电是太阳能利用的一种重要形式，其利用太阳电池方阵和其他辅助设备将太阳能转换为电能的发电系统称为太阳能光伏发电系统(Photovoltaic Power Generating System)。

光伏发电与其他常规能源发电相比，具有以下几个特点：
(1) 能量来源于太阳能，取之不尽，用之不竭。
(2) 能源转换过程中不会产生危及环境的污染。
(3) 资源遍及大地，很多地区可以较好地利用太阳能资源。
(4) 由于没有运转部件，所以不产生噪声，无需或极少需要维护。
(5) 光伏发电系统模块化，运输、安装方便可靠。
(6) 当地发电就近消耗，可以降低输配电成本，提高供电设施的可靠性。
(7) 高纯硅材料成本高，光伏电池及组件生产工艺复杂，使得发电成本高于常规发电 3～5 倍。

太阳能光伏发电系统根据其入网方式和安装类型，可以分为独立(离网)光伏发电系统和并网光伏发电系统。

本项目和项目 3 重点介绍独立光伏发电系统，项目 4 介绍并网光伏发电系统。

2-1 光伏发电系统
分类及其组成

### 2.3.1　独立光伏发电系统组成
### 2.3.1　Composition of Off-grid Photovoltaic Power Generation System

　　独立光伏发电系统不与公用电网相连接，也叫离网光伏发电系统。受日照条件、温度、云层、风沙等气象条件影响较大，为了太阳能光伏发电系统能稳定运行，在系统中除太阳电池组件方阵以外，还需具备一定的储能元件，在光伏发电系统中现行使用的常规储能元件一般为免维护铅酸蓄电池，另外还需有其他元器件，如光伏控制器、逆变器等，如图2-3所示。独立光伏发电系统的建设成本一般较高，且维护成本也较高，单以蓄电池来说，以常规蓄电池的使用寿命(两年)来看，独立光伏发电系统的维护成本也是一笔不小的投入。独立光伏发电系统的高成本决定了现行应用的独立系统只能在偏远地区和示范工程中使用，如：通信信号基站、太阳能路灯等。

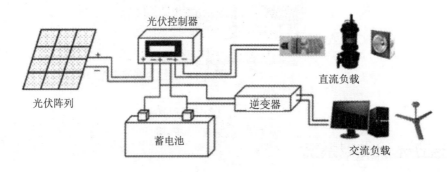

光伏控制器

直流负载

光伏阵列

逆变器

蓄电池

交流负载

图2-3　独立光伏发电系统组成

#### 1．太阳能光伏组件

　　太阳能光伏组件既是光伏发电系统中的核心部分，也是光伏发电系统中价值最高的部分。其作用是将太阳的辐射能量转换为电能，并送往蓄电池中存储起来，也可以直接用于推动负载工作。

#### 2．蓄电池

　　蓄电池的作用主要是存储太阳能光伏组件发出的电能，并可随时向负载供电。太阳能光伏发电系统对蓄电池的基本要求是自放电率低、使用寿命长、充电效率高、深放电能力强、工作温度范围宽、少维护或免维护以及价格低廉等。目前为光伏系统配套使用的主要是免维护铅酸电池。在小型、微型系统中，也可用镍氢电池、镍镉电池、锂电池或超级电容器。当需要大容量电能存储时，就需要将多只蓄电池串并联起来构成蓄电池组。

#### 3．光伏控制器

　　光伏控制器的作用是控制整个系统的工作状态，其功能主要有防止蓄电池过充电保护、过放电保护、系统短路保护、系统极性反接保护、夜间防反充保护等。在温差较大的地方，控制器还具有温度补偿的功能。另外，控制器还有光控开关、时控开关等工作模式，以及充电状态、蓄电池电量等各种工作状态的显示功能。光伏控制器一般分为小功率、中功率、大功率和风光互补控制器等。

#### 4．逆变器

　　逆变器是把太阳能电池组件或者蓄电池输出的直流电转换成交流电供应给电网或者

交流负载使用的设备。逆变器按运行方式可分为独立运行逆变器和并网逆变器。独立运行逆变器用于独立运行的太阳能发电系统，为独立负载供电。并网逆变器用于并网运行的太阳能发电系统。

### 2.3.2　独立光伏发电系统分类
2.3.2　Classification of Off-grid Photovoltaic Power Generation System

独立光伏发电系统根据用电负载的特点，可分为下列几种形式。

**1. 无蓄电池的直流光伏发电系统**

无蓄电池的直流光伏发电系统如图 2-4 所示，该系统由光伏组件与用电负载组成。用电负载是直流负载，负载主要在白天使用，有阳光时就发电负载工作，无阳光时就停止工作。系统不需要使用控制器，也没有蓄电池储能装置。该系统的优点是省去了能量通过控制器及在蓄电池的存储和释放过程中造成的损失，提高了太阳能的利用效率。项目 1 太阳能手机充电系统就是这种类型的典型应用。

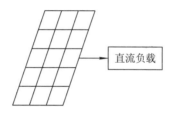

图 2-4　无蓄电池的直流光伏发电系统

**2. 有蓄电池的直流光伏发电系统**

有蓄电池的直流光伏发电系统如图 2-5 所示。该系统由太阳能光伏组件、控制器、蓄电池以及直流负载等组成。有阳光时，光伏组件将光能转换为电能供负载使用，并同时向蓄电池供电储存电能。夜间或阴雨天，则由蓄电池向负载供电。这种系统应用广泛，小到太阳能草坪灯、庭院灯，大到远离电网的移动通信基站、微波中转站、边远地区农村供电站等。当系统容量和负载功率较大时，就需要配备太阳能电池方阵和蓄电池组了。

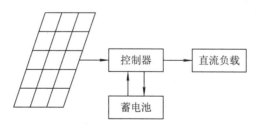

图 2-5　有蓄电池的直流光伏发电系统

**3. 交流及交、直流混合光伏发电系统**

交流及交、直流混合光伏发电系统如图 2-6 所示。与直流光伏发电系统相比，交流光伏发电系统多一个交流逆变器，把直流电转换成交流电为交流负载提供电能。交、直流混合系统既能为直流负载供电，也能为交流负载供电。

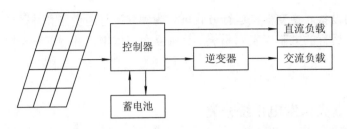

图 2-6　交流及交、直流混合光伏发电系统

#### 4．市电互补型光伏发电系统

所谓市电互补型光伏发电系统，就是在独立光伏发电系统中以太阳能光伏发电为主，以普遍 220 V 交流电补充电能为辅的光伏发电系统，如图 2-7 所示。这样光伏发电系统中太阳能电池和蓄电池的容量都可以设计得小一些，基本上是当天有阳光，当天就用太阳能发的电，遇到阴雨天时就用市电能量进行补充。我国大部分地区基本上全年有三分之二以上是晴天，这样的系统全年就有三分之二以上的时间用太阳能发电，剩余时间用市电补充能量。这种形式既减小了太阳能光伏发电系统的一次性投资，又有显著的节能减排效果，是太阳能光伏发电在现阶段推广和普及过程中的一个过渡性的好办法。

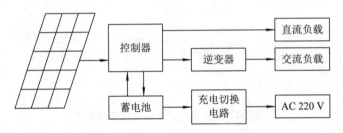

图 2-7　市电互补型光伏发电系统

市电互补型光伏发电系统的应用举例：某市区路灯改造，如果将普通路灯全部换成太阳路灯，一次性投资很大，无法实现。而如果将普通路灯加以改造，保持原市电供电线路和灯杆不动，更换节能型光源灯具，采用市电互补型光伏发电的形式，用小容量的太阳能电池和蓄电池(仅够当天使用，也不考虑连续阴雨天数)，就构成了市电互补型太阳能光伏路灯，投资减少一半以上，节能效果显著。

## 2.4　光伏控制器

2.4　Photovoltaic Controller

2-2　光伏控制器

光伏控制器是太阳能光伏发电系统的核心部件之一，也是平衡系统的主要组成部分。它可防止蓄电池过充电和过放电，延长蓄电池寿命；防止太阳能电池组件或电池方阵、蓄电池极性接反；防止负载、控制器、逆变器和其他设备内部短路；具有防雷击引起的击穿保护的功能；具有温度补偿的功能；显示光伏发电系统的各种工作状态，包括蓄电池(组)电压、负载状态、电池方阵工作状态、辅助电源状态、环境温度状态、故障报警等功能。

光伏控制器按照输出功率的大小不同，可分为小功率光伏控制器、中功率光伏控制器和大功率光伏控制器；按照电路连接方式的不同，可分为串联型、并联型、多路控制型、脉宽调制型、智能型和最大功率跟踪型；按放电过程控制方式的不同，可分为常规放电控制型和剩余电量放电全过程控制型。光伏控制器可以单独使用，也可以和逆变器合为一体。常见的光伏控制器如图 2-8 所示。

大功率控制器

图 2-8　常见的光伏控制器

## 2.4.1　光伏控制器基本原理
### 2.4.1　Basic Principles of Photovoltaic Controller

光伏控制器的基本原理如图 2-9 所示，开关 1 和开关 2 分别为充电控制开关和放电控制开关。开关 1 闭合时，由光伏组件通过控制器给蓄电池充电；当蓄电池出现过充电时，开关 1 能及时切断充电回路，使光伏组件停止向蓄电池供电；开关 1 还能按预先设定的保护模式自动恢复对蓄电池的充电。当蓄电池出现过放电时，开关 2 能及时切断放电回路，蓄电池停止向负载供电，当蓄电池再次充电并达到预先设定的恢复充电点时，开关 2 又能自动恢复供电。开关 1 和开关 2 可以由各种开关元件构成，常见开关元件有晶体管、晶闸管和固态继电器等功率开关器件和普通的继电器。

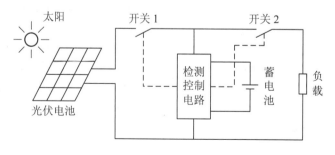

图 2-9　光伏控制器的基本原理

### 2.4.2 控制器常用电路形式

2.4.2 Common Circuit Forms of Controllers

#### 1. 并联型控制器

并联型控制器也叫旁路型控制器，它是利用并联在光伏组件两端的机械或电子开关器件控制充电过程的。当蓄电池充满电时，把光伏电池的输出分流到旁路电阻器或功率模块上去，然后以热的形式消耗掉(泄荷)；当蓄电池电压回落到一定值时，再断开旁路，恢复充电。由于这种方式消耗热能，因此一般用于小型、小功率系统。

并联型控制器的光伏发电系统如图 2-10 所示。控制器由检测控制电路和开关器件 $T_1$、$T_2$、$VD_1$、$VD_2$ 及熔断器 FU 等组成。$VD_1$ 是防反充电二极管，$VD_2$ 是防反接二极管，$T_1$ 是控制充电回路中的开关，$T_2$ 为控制蓄电池放电的开关，FU 是熔断器，$R$ 为泄荷电阻；检测控制电路的作用是监控蓄电池的端电压。

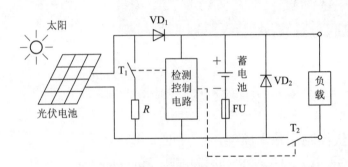

图 2-10　并联型控制器的光伏发电系统

系统中，充电回路的开关器件 $T_1$ 并联在光伏组件的输出端，当充电电压超过蓄电池设定的充满断开电压值时，开关器件 $T_1$ 导通，同时防反充二极管 $VD_1$ 截止，使光伏电池的输出电流直接通过 $T_1$ 旁路泄放，不再对蓄电池进行充电，起到防止蓄电池过充电的保护作用。

开关器件 $T_2$ 为蓄电池放电控制开关，当蓄电池的供电电压低于蓄电池的过放电保护电压值时，$T_2$ 关断，对蓄电池进行过放电保护。当负载因过载或短路使电流大于额定工作电流时，控制开关 $T_2$ 也会关断，起到输出过载或短路保护的作用。检测控制电路随时对蓄电池的电压进行检测，当电压大于充满保护电压时，$T_1$ 导通，电路实行过充电保护；当电压小于过放电电压时，$T_2$ 关断，电路实行过放电保护。

电路中的 $VD_2$ 为蓄电池接反保护二极管，当蓄电池极性接反时，$VD_2$ 导通，蓄电池将通过 $VD_2$ 短路放电，短路电流将熔丝熔断，电路起到防蓄电池接反保护作用。

并联型控制器电路具有线路简单、价格便宜、充电回路损耗小、控制器效率高的特点。当防过充电保护电路动作时，开关器件要承受光伏电池组件或阵列输出的最大电流，所以要选用功率较大的开关器件。

#### 2. 串联型控制器

串联型控制器是利用串联在充电回路中的机械或电子开关器件控制充电过程。当蓄电池充满电时,开关器件断开充电回路,停止为蓄电池充电;当蓄电池电压回落到一定值时,充电电路再次接通,继续为蓄电池充电。串联在回路中的开关器件还可以在夜间切断光伏电池供电,取代防反充二极管。串联型控制器同样具有结构简单、价格便宜等特点,但由于控制开关是串联在充电回路中,电路的电压损失较大,使充电效率有所降低。

单路串联型控制器的电路原理如图 2-11 所示。它的电路结构与并联型控制器的电路结构相似,区别仅仅是将开关器件 $T_1$ 由并联在光伏电池输出端改为串联在蓄电池充电回路中。控制器检测电路监控蓄电池的端电压,当充电电压超过蓄电池设定的充满断开电压值时,$T_1$ 关断,使光伏电池不再对蓄电池进行充电,起到防止蓄电池过充电的保护作用。其他元件的作用和并联型控制器相同,不再重复叙述。

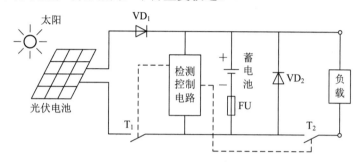

图 2-11  单路串联型控制器的电路原理

串、并联控制器的检测控制电路实际上就是蓄电池过、欠电压的检测控制电路,主要是对蓄电池的电压随时进行取样检测,并根据检测结果向过充电、过放电开关器件发出接通或关断的控制信号。控制器检测控制电路原理如图 2-12 所示。

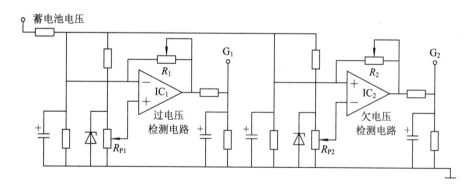

图 2-12  控制器检测控制电路原理

该电路包括过电压检测控制和欠电压检测控制两部分电路,由带回差控制的运算放大器组成。其中 $IC_1$ 等为过电压检测控制电路,$IC_1$ 的同相输入端输入基准电压,反相输入端接被测蓄电池,当蓄电池电压大于过充电压值时,$IC_1$ 输出端 $G_1$ 输出为低电平,使开关器件 $T_1$ 接通(并联型控制器)或关断(串联型控制器),起到过电压保护的作用。当蓄电池电压下降到小于过充电压值时,$IC_1$ 的反相输入电位低于同相输入电位,则其输出端 $G_1$ 又从低电平变为高电平,蓄电池恢复正常充电状态。过充电保护与恢复的门限基准电压由和 $R$ 配合调整确定。$IC_2$ 等构成欠电压检测控制电路,其工作原理与过电压检测控制电路相同。

### 3. 脉宽调制型控制器

脉宽调制(Pulse-Width Modulation，PWM)型控制器电路原理如图 2-13 所示，该控制器通过调节脉冲宽度的大小来改变充电电流的大小，当蓄电池逐渐趋向充满时，随着其端电压的逐渐升高，PWM 电路输出脉冲的宽度减小，使开关器件的导通时间减少，充电电流逐渐趋近于零。当蓄电池电压由充满点向下降时，充电电流又会逐渐增大。与前两种控制器电路相比，脉宽调制充电控制方式虽然没有固定的过充电压断开点和恢复点，但是电路会控制当蓄电池端电压达到过充电控制点附近时，其充电电流要趋近于零。这种充电过程能形成较完整的充电状态，其平均充电电流的瞬时变化更符合蓄电池当前的充电状况，能够增加光伏发电系统的充电效率并延长蓄电池的总循环寿命。

控制器的主要功能是使太阳能光伏发电系统始终处于发电的最大功率点附近，以获得最高效率。充电控制通常采用脉冲宽度调制技术(PWM 控制方式)，使整个系统始终运行于最大功率点 $P_{max}$ 附近区域，实现光伏发电系统的最大功率跟踪功能，因此可作为大功率控制器用于大型光伏发电系统中。脉宽调制型控制器的缺点是控制器的自身工作有 4%～8% 的功率损耗。

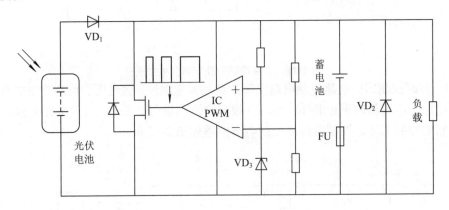

图 2-13　脉宽调制型(PWM)控制器电路原理

### 4. 最大功率点跟踪型控制器

太阳能电池组件的输出是随太阳辐射强度和太阳能电池组件自身温度(芯片温度)而变化的。另外，由于太阳能电池组件具有电压随电流增大而下降的特性，因此存在能获取最大功率的最佳工作点。太阳辐射强度是变化着的，显然最佳工作点也是在变化的。相对于这些变化，始终让太阳能电池组件的工作点处于最大功率点，系统始终从太阳能电池组件获取最大功率输出，这种控制就是最大功率跟踪控制。太阳能发电系统用的逆变器的最大特点就是包括了最大功率点跟踪(MPPT)这一功能。

当光伏阵列输出电压比较小时，随着电压的变化，输出电流变化很小，光伏阵列类似为一个恒流源；当电压超过一定的临界值继续上升时，电流急剧下降，此时的光伏阵列类似为一个恒压源。光伏阵列的输出功率则随着输出电压的升高有一个输出功率最大点。最大功率跟踪器的作用是在温度和辐射强度都变化的环境里，通过改变光伏阵列所带的等效负载，调节光伏阵列的工作点，使光伏阵列工作在输出功率最大点。

对光伏电池阵列进行最大功率跟踪过程中，工作电压的控制是通过升压电路完成的。当占空比 $D$ 越大时，升压电路的输入阻抗就越小，占空比 $D$ 越小时，升压电路的输入阻抗就越大。通过改变升压电路的占空比 $D$，使其等效输入阻抗与光伏输出阻抗相匹配，实现光伏电池的最大功率输出，这是采用升压电路能够实现最大功率跟踪的理论依据。

1) **最大功率点跟踪常用算法**

(1) 恒电压跟踪(CVT)法。其工作原理示意图如图 2-14 所示。若忽略温度效应的影响，则光伏阵列在不同日照强度下的最大功率输出点 $a'$、$b'$、$c'$、$d'$ 和 $e'$ 总是近似在某一恒定的电压值 $U_m$ 附近。假如曲线 $L$ 为负载特性曲线，$a$、$b$、$c$、$d$ 和 $e$ 为相应光照强度下直接匹配时的工作点。由图可知，如果采用直接匹配，其阵列的输出功率就比较小。为了弥补阻抗失衡时带来的功率损失，可以采用恒电压跟踪方法，即在光伏阵列和负载之间通过一定的阻抗变换，使得系统实现稳压器的功能，保持阵列的工作电压稳定在 $U_m$ 附近，从而保证它的输出功率接近最大功率。

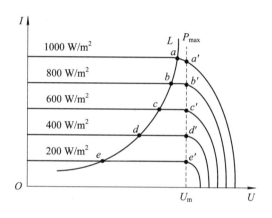

图 2-14  恒电压跟踪法工作原理示意图

CVT 方式具有控制简单、可靠性高、稳定性好和易于实现等优点，比一般光伏系统可多获得 20%的电能。在简单光伏发电系统中(如独立太阳能照明系统、小型太阳能草坪灯等方面)应用较为广泛。但是，这种跟踪方式忽略了温度对光伏阵列开路电压的影响。以单晶硅光伏阵列为例，环境温度每升高 1℃时，其开路电压下降率为 0.35%～0.45%。这表明光伏阵列最大功率点对应的电压也将随着环境温度的变化而变化。对于四季温差或日温差较大的地区，CVT 方式并不能在所有的温度环境下完全地跟踪到光伏阵列的最大功率点。

(2) 干扰观察法。干扰观察法是目前经常被采用的 MPPT 方法之一。其原理是每隔一定的时间增加或减少光伏阵列输出电压，并观测之后其输出功率的变换方向，以决定下一步的控制信号。干扰观察法的原理示意图如图 2-15 所示。光伏系统控制器在每个控制周期用较小的步长改变光伏阵列的输出(电压或电流)，然后测量此时的太阳电池的

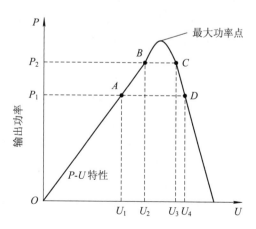

图 2-15  干扰观察法原理示意图

输出功率，并与前一次进行比较，如在 $A$ 点，就将工作电压由 $U_1$ 变化到 $U_2$，若 $P_1>P_2$，则把工作电压调回 $U_1$，若 $P_1<P_2$，则把工作电压调回 $U_2$，这样反复进行比较，始终让系统在最大功率点上。

这种控制算法一般采用功率反馈方式，通过两个传感器对光伏阵列输出电压以及电流分别进行采样，并计算获得其输出功率。该方式虽然算法简单且易于硬件实现，但是响应速度较慢，只适用于那些日照强度变化比较缓慢的场合。而在稳态情况下，这种算法会导致光伏阵列的实际工作点在最大功率点附近小幅振荡，因此会造成一定的功率损失；而当日照发生快速变化时，干扰观察法可能会失效，判断后得到错误的跟踪方向。

(3) 电导增量法。电导增量法也是 MPPT 控制常用的算法之一。通过光伏阵列 $P$-$U$ 曲线可知最大值 $P_{max}$ 处的斜率为零，所以可以比较光伏阵列的瞬时电导和电导的变化量来实现最大功率跟踪。如图 2-15 所示，光伏阵列的输出特性曲线是一个单峰值的曲线，在最大功率点必定有 $dP/dU<0$，那么系统工作在最大功率点的右侧。

对于太阳能电池，有 $P = UI$。利用一阶导数求极值的方法，即对 $P = UI$ 求全导数，可得

$$dP = IdU + UdI \tag{2-1}$$

两边同时除以 $dU$，有

$$\frac{dP}{dU} = I + U\frac{dI}{dU} \tag{2-2}$$

令 $\frac{dP}{dU} = 0$，有

$$\frac{dI}{dU} = \frac{I}{U} \tag{2-3}$$

因此，通过判断 $I/U + dI/dU$，即 $G + dG$($G$ 为电导)的符号，就可以判断出光伏阵列是否工作在最大功率点上。当符号为负时，表明此时在最大功率点右侧，下一步要减少光伏阵列的输出电压；当符号为正时，表明此时在最大功率点左侧，下一步要增大光伏阵列的输出电压；当等于 0 时，表明此时在最大功率点处，维持光伏阵列的输出电压不变。

这种方法理论上比干扰观察法好，因为它在下一时刻的变化方向完全取决于在该时刻的电导变化率和瞬时电导值的大小，而与前一时刻的工作点电压以及功率的大小无关，因而能够适应日照强度的快速变化，其控制精度较高，适用于大气条件变化较快的场合。但是对硬件要求(特别是传感器的精度要求)较高，并要求系统各个部分响应速度较快，因而整个系统的硬件造价也比较高。

2) 最大功率点跟踪型太阳能控制器

最大功率点跟踪型太阳能控制器，是传统太阳能充放电控制器的升级换代产品。所谓最大功率点跟踪，即是指控制器能够实时测试太阳电池的发电电压，并追踪最高电压值，使系统以最高的效率对蓄电池充电。将太阳电池的电压 $U$ 和电流 $I$ 检测后相乘得到功率 $P$，然后判断太阳电池此时的输出功率是否达到最大，若不在最大功率点运行，则调整脉宽，调制输出占空比 $D$，改变充电电流，再次进行实时采样，并做出是否改变占空比的判断，通过这样寻优过程可保证太阳电池始终运行在最大功率点，以充分利用太阳电池方阵的输出能量。同时采用 PWM 调制方式，使充电电流成为脉冲电流，以减少蓄电池的极化，提

高充电效率。

MPPT 的实现实质上是一个动态自寻优过程，通过对阵列当前输出电压与电流的检测，得到当前阵列输出功率，再与已被存储的前一时刻功率相比较，舍小取大，再检测，再比较，如此周而复始。

MPPT 控制系统的 DC-DC 变换的主电路采用 Boost 升压电路。Boost 变换器主电路如图 2-16 所示，由开关管 VT、二极管 VD、电感 $L$、电容 $C$ 等组成。工作原理为在开关管 VT 导通时，二极管 VD 反偏，太阳电池阵列向电感 $L$ 存储电能，当开关管 VT 断开时，二极管导通，由电感 $L$ 和电池阵列共同向负载充电，同时还给电容 $C$ 充电，电感两端的电压与输入电源的电压叠加，使输出端产生高于输入端的电压。Boost 电路输入、输出的电压关系为

$$U_O = \frac{U_I}{1 - D} \tag{2-4}$$

当 Boost 变换器工作在电流连续条件下时，从式(2-4)可以得到其变压比仅与占空比 $D$ 有关，而与负载无关，所以只要有合适的开路电压，通过改变 Boost 变换器的占空比 $D$ 就能找到与太阳电池最大功率点相对应的 $U_I$。

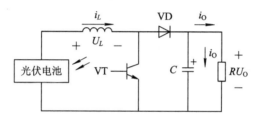

图 2-16　Boost 变换器主电路

### 5. 光伏控制器的主要技术参数

1) 系统电压

系统电压也叫额定工作电压，是指光伏发电系统的直流工作电压，电压一般为 12 V 和 24 V，中、大功率控制也有 48 V、110 V、220 V 等。

2) 最大充电电流

最大充电电流是指太阳电池组件或方阵输出的最大电流，根据功率大小分为 5 A、6 A、8 A、10 A、12 A、15 A、20 A、30 A、40 A、50 A、70 A、100 A、150 A、200 A、250 A、300 A 等多种规格。有些厂家用太阳电池组件最大功率来表示这一内容，间接地体现了最大充电电流这一技术参数。

3) 太阳电池方阵输入路数

小功率光伏控制器一般都是单路输入，而大功率光伏控制器都是由太阳电池方阵多路输入，一般大功率光伏控制器可输入 6 路，最多的可输入 12 路、18 路。

4) 电路自身损耗

控制器的电路自身损耗也是其主要技术参数之一。为了降低控制器的损耗，提高光伏电源的转换效率，控制器的电路自身损耗要尽可能低。控制器的最大自身损耗不得超过其额定充电电流的 1% 或 0.4 W。根据电路不同自身损耗一般为 5～20 mA。

　　5) 蓄电池的过充电保护电压(HVD)

　　蓄电池的过充电保护电压也叫充满断开或过电压关断电压，一般可根据需要及蓄电池类型的不同，设定在 14.1～14.5 V(12 V 系统)、28.2～29 V(24 V 系统)和 56.4～57.8 V(45 V 系统)之间，典型值分别为 14.4 V、28.8 V 和 57.6 V。蓄电池过充电保护的恢复电压(HVR)一般设定在 13.1～13.4 V(12 V 系统)、26.2～26.8 V(24 V 系统)、52.4～53.6 V(48 V 系统)之间，典值分别为 13.2 V、26.4 V 和 52.8 V。

　　6) 蓄电池的过放电保护电压(LVD)

　　蓄电池的过放电保护电压也叫欠电压断开或欠电压关断电压，一般可根据需要及蓄电池类型的不同，设定在 10.8～11.4 V(12 V 系统)、21.6～22.8 V(24 V 系统)和 43.2～45.6 V(48 V 系统)之间，典型值分别为 11.1 V、22.2 V 和 44.4 V。蓄电池过放电保护的关断恢复电压(LVR)一般设定在 12.1～12.6 V(12 V 系统)、24.2～25.2 V(24 V 系统)和 48.4～50.4 V(48 V 系统)之间，典型值分别为 12.4 V、24.8 V 和 49.6 V。

　　7) 蓄电池的充电浮充电压

　　蓄电池的充电浮充电压一般为 13.7 V(12 V 系统)、27.4 V(24 V 系统)和 54.8 V(48 V 系统)。

　　8) 温度补偿

　　控制器一般都具有温度补偿功能，以适应不同的环境工作温度，为蓄电池设置更为合理的充电电压。控制器的温度补偿系数满足蓄电池的技术要求、其温度补偿值一般为 $-20～-40$ mV/℃

　　9) 工作环境温度

　　控制器的使用或工作环境温度范围随厂家不同而不同，一般在 $-20～+50$℃之间。

　　10) 其他保护功能

　　(1) 控制器输入、输出短路保护功能。控制器的输入、输出电路都要具有短路保护电路，提供短路保护功能。

　　(2) 防反充保护功能。控制器要具有防止蓄电池向太阳电池反向充电的保护功能。

　　(3) 极性反接保护功能。太阳电池组件或蓄电池接入控制器，当极性接反时，控制器要具有保护电路的功能。

　　(4) 防雷击保护功能。控制器输入端应具有防雷击的保护功能。避雷器的类型和额定值应能确保吸收预期的冲击能量。

　　(5) 耐冲击电压和冲击电流保护。在控制器的太阳电池输入端施加 1.25 倍的标称电压持续 1 h，控制器不应该损坏。使控制器充电回路电流达到标称电流的 1.25 倍并持续 1 h，控制器也不应该损坏。

## 2.5　蓄电池

2.5　Storage Battery

　　光伏发电储能装置是独立光伏发电系统中的关键设备之一，独立光伏发电系统一般使用蓄电池作为储能设备。白天将太阳电池输出的电能储存起来，夜间为照明负载或其他用电设备供电。目前在光伏发电系统中，常用的储能电池及元器件有铅酸电池、碱性蓄电池、锂离子蓄电池、镍氢蓄电池及超级电容器等。鉴于性能及成本的原因，目前应用最多、使用最广泛的还是铅酸电池，碱性蓄电池、锂离子蓄电池、镍氢蓄电池及超级电容器因成本昂贵仅仅用于特殊场合光伏电源。

铅酸蓄电池的正极是氧化铅、负极是铅、电解液是稀硫酸溶液，在放电状态下，正负极的主要成分均为硫酸铅，因此被称为铅酸蓄电池。铅酸蓄电池按产品的结构形式，可分为开口式、阀控密封免维护(VRLA 电池，如图 2-17 所示)和阀控密封胶体等几种。VRLA电池因维护方便，性能可靠，且对环境污染较小，特别是用于无人值守的光伏电站，有着其他蓄电池所无法比拟的优越性。

图 2-17　VRLA 电池

### 2.5.1　铅酸蓄电池的结构与工作原理
### 2.5.1　Structure and Working Principle of Lead-acid Battery

2-3　蓄电池的结构与
工作原理

**1. 铅酸蓄电池的结构**

铅酸蓄电池一般由壳体、极板、隔板、电解质、安全阀和接线端子等部分组成，如图2-18 所示。

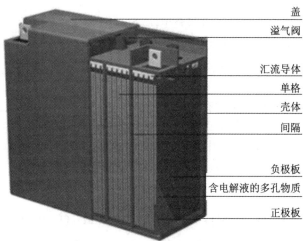

图 2-18　铅酸蓄电池结构

1) 正、负极板

极板在蓄电池中的作用有两个：一是发生电化学反应，实现化学能与电能间的转换；二是传导电流。正极活性物质主要成分为深棕色的二氧化铅($PbO_2$)，负极活性物质主要成分为海绵状铅($Pb$)，呈深灰色。

2) 隔板(膜)

普通铅蓄电池采用隔板，而 VRLA 蓄电池采用隔膜。它的主要作用是防止正、负极板短路，使电解液中正、负离子顺利通过；阻缓正、负极板活性物质的脱落，防止正、负极板因震动而损伤。

3) 蓄电池的壳体(电池槽、盖)

蓄电池的壳体(电池槽、盖)是由 PP 塑料、橡胶等材料制成的，是盛放正、负极板和电解液等的容器。

4) 电解液

电解液是蓄电池的重要组成部分，它的作用一是使极板上的活性物质发生溶解和电离，产生电化学反应；二是起导电作用，蓄电池使用时通过电解液中离子迁移，起到导电作用，使电化学反应得以顺利进行。它是纯浓硫酸和蒸馏水按一定的比例配制而成的。

5) 安全阀

安全阀是蓄电池的关键部件之一，位于蓄电池顶部，一般由塑料材料制成，作用有两个：一是安全使用，即在蓄电池使用过程中，内部产生气体气压达到安全阀时，安全阀将压力释放，以防止产生电池变形、破裂等现象；二是密封作用，当蓄电池内压低于安全阀的闭阀压力时，关闭安全阀，对蓄电池起到密封作用，阻止空气进入，以防止极板氧化和内部气体酸雾向外泄漏等。

6) 正、负接线端

蓄电池各单格电池串联后，两端单格的正、负极桩分别穿出蓄电池盖，形成蓄电池的正、负接线端，实现电池与外界的连接。正接线柱标"+"或涂红色，负接线柱标"−"号或涂蓝色、绿色。

## 2. 铅酸蓄电池的工作原理

铅酸蓄电池的工作原理包括放电和充电两个过程。

放电过程是化学能变成电能的过程，正极的活性物质 $PbO_2$ 变为 $PbSO_4$，负极的活性物质海绵铅变为 $PbSO_4$，电解液中 $H_2SO_4$ 分子不断减少，逐渐消耗生成 $H_2O$，$H_2O$ 分子相应增加，电解液的相对密度降低。

充电过程中，正、负极板上的有效物质逐渐恢复，电解液 $H_2SO_4$ 比重逐渐增加，所以从比重升高的数值也可以判断它充电的程度。电解液中，正极不断产生游离的 $H^+$ 和 $SO_4^{2-}$，负极不断产生 $SO_4^{2-}$，在电场的作用下，$H^+$ 向负极移动，$SO_4^{2-}$ 向正极移动，形成电流。

总的化学方程式可以用如下方程式表示：

（正极）（电解液）（负极）（放电）（正极）（电解液）（负极）

$$PbO_2 + 2H_2SO_4 + Pb \rightleftharpoons PbSO_4 + 2H_2O + PbSO_4$$

（充电）

铅酸蓄电池的工作过程：充电时电能转化为化学能，放电时化学能转化为电能。

### 2.5.2　铅酸蓄电池的性能参数
### 2.5.2　Performance Parameters of Lead-acid Battery

铅酸蓄电池的主要性能参数包括电动势、电池容量、放电时率、终止电压、循环寿命、内阻、放电深度、储存寿命、自放电率等。

#### 1. 电动势

蓄电池的电动势是两个电极的平衡电极电位之差，蓄电池每单格的标称电压为 2 V，实际电压随充放电的情况而变化。充电结束时，电压为 2.5～2.7 V，以后慢慢地降至 2.05 V 左右的稳定状态。

如用蓄电池作电源，开始放电时电压很快降至 2 V 左右，以后缓慢下降，保持在 1.9～2.0 V 之间。当放电接近结束时，电压很快降到 1.7 V；当电压低于 1.7 V 时，便不再放电，否则要损坏极板。停止使用后，蓄电池电压自己能回升到 1.98 V。

#### 2. 电池容量

处于完全充电状态的铅酸蓄电池在一定放电条件下，放电到规定的终止电压时所能给出的电量称为电池容量，以符号 C 表示。常用单位为安培小时，简称安·时(A·h)，通常在 C 的下角处标明放电时率，如 $C_{10}$ 表明 10 小时率的放电容量，$C_{20}$ 表明 20 小时率的放电容量。电池容量分为理论容量、实际容量和额定容量。理论容量是根据活性物质的质量按照法拉第定律计算而得的最高容量值。实际容量是指电池在一定放电条件下所能输出的电量。由于组成电池时，除电池的主反应外，还有副反应发生，加之其他种种原因，活性物质利用率不可能为 100%，因此远低于理论容量。额定容量国外也称标称容量，是按照国家或有关部门颁布的标准，在电池设计时，要求电池在一定的放电条件下(通信电池一般规定在 25℃环境下以 10 小时率电流放电至终止电压)，应该放出的最低限度的电量值。

蓄电池的实际容量主要与电池正、负极活性物质的数量及利用率有关。活性物质利用率主要受放电制度、电极结构、制造工艺等的影响。使用过程中，影响实际容量的是放电率、放电制度、终止电压和温度。

#### 3. 放电时率

根据蓄电池放电电流的大小，分为时间率和电流率。

电池在常温下的放电时率是指蓄电池在设计标准条件(如温度、放电率、终止电压等)下，蓄电池放电到终止电压时的时间长短，常用时率和倍率两种表示法。时率是以充放电时间表示的充放电速率，数值上等于电池的额定容量(安·时)除以规定的充放电电流所得的小时数。倍率是充放电速率的另一种表示法，其数值为时率的倒数。电池的放电速率是以经某一固定电阻放电到终止电压的时间来表示。放电速率对电池性能的影响较大，根据 IEC 标准，蓄电池的放电时率有 20 小时率、10 小时率、5 小时率、3 小时率、1 小时率、0.5 小时率，分别表示为 20 h、10 h、5 h、3 h、1 h、0.5 h。放电时率越大，放电电流越小，放电时间越长。反之，放电时率越小，放电电流越大，放电时间越短。电池放电倍率越高，放电电流越大，放电时间就越短，放出的相应容量越少。

**4．终止电压**

终止电压是指电池放电时，电压下降到不宜再放电时(至少能再反复充电使用)的最低工作电压。为了防止损害极板，各种标准在不同放电倍率和温度下放电时，都规定了电池的终止电压。后备电源系列电池 10 小时率和 3 小时率放电的终止电压为 1.80 V/单体，1 小时率终止电压为 1.75 V/单体。由于铅酸蓄电池本身的特性，即使放电的终止电压继续降低，电池也不会放出太多的容量，但终止电压过低对电池的损伤极大，尤其是放电达到 0 V 而又不能及时充电时将大大缩短电池的寿命。对于太阳能用蓄电池，针对不同型号和用途，放电终止电压设计也不一样。终止电压视放电速率和需要而规定。通常小于 10 h 的小电流放电，终止电压取值稍高；大于 10 h 的大电流放电，终止电压取值稍低。

**5．循环寿命**

蓄电池经历一次充电和放电，称为一次循环(一个周期)。在一定放电条件下，电池使用至某一容量规定值之前，电池所能承受的循环次数，称为循环寿命。后备电源一般采用浮充寿命来衡量电池的使用寿命，例如阀控式密封铅酸蓄电池的浮充寿命一般在 10 年以上，但也可采用电池的循环寿命来衡量。影响电池循环寿命的主要因素是产品的性能和质量，其次是维护工作的质量。对于后备电源，100%DOD 放电，其循环寿命一般为 100～200 次，即电池进行 100%容量放电，单体电池放电到终止电压为 1.8 V，循环 100～200 次后，放电容量低于额定容量的 80%，此时电池寿命终止。影响蓄电池寿命的因素是综合因素，不仅是极板的内在因素，例如活性物质的组成、晶型(高温固化或常温固化)、极板尺寸和板栅材料结构等，而且也取决于外在因素，如放电倍率和深度、工作使用条件(温度及压力等)和使用维护状况等。

**6．蓄电池的内阻**

蓄电池的内阻不是常数，在充放电过程中随时间不断地变化，因为活性物质的组成、电解液浓度和温度都在不断变化。铅酸蓄电池内阻很小，在小电流放电时可以忽略，但在大电流放电时，电压降损失可达数百毫伏，必须引起重视。

蓄电池的内阻有欧姆内阻和极化内阻两部分。欧姆内阻主要由电极材料、隔膜、电解液、接线柱等构成，也与电池尺寸、结构及装配因素有关。极化内阻是由电化学极化和浓差极化引起的，是电池放电或充电过程中两电极进行化学反应时极化产生的内阻。极化电阻除与电池制造工艺、电极结构及活性物质的活性有关外，还与电池工作电流大小和温度等因素有关。电池内阻严重影响电池工作电压、工作电流和输出能量，因而内阻越小的电池性能越好。

**7．放电深度**

在蓄电池使用过程中，电池放出的容量占其额定容量的百分比称为放电深度。放电深度是影响蓄电池寿命的重要因素之一，设计时考虑的重点是深循环(60%～80%)使用、浅循环(17%～25%)使用，还是中循环(30%～50%)使用。若把浅循环使用的电池用于深循环使用，则蓄电池很快就会失效。

**8．储存寿命**

储存寿命是指从电池制成到开始使用之间允许存放的最长时间，以年为单位。包括储存期和使用期在内的总期限称为电池的有效期。储存电池的寿命有干储存寿命和湿储存寿命之分。循环寿命是蓄电池在满足规定条件下所能达到的最大充放电循环次数。在规定循环寿命时必须同时规定充放电循环试验的制度，包括充放电速率、放电深度和环境温度范围等。

**9. 自放电率**

自放电率是电池在存放过程中电容量自行损失的速率，用单位储存时间内自放电损失的容量占储存前容量的百分数表示。蓄电池在存放过程中，容量会随时间的推移有所下降，这种情况就是自放电。用百分比表示，就称为自放电率。这一指标可用来衡量蓄电池的产品性能。

### 2.5.3 铅酸蓄电池的充放电控制
### 2.5.3 Charging and Discharging Control of Lead-acid Battery

**1. 充电过程的阶段划分**

充电过程一般分为主充、均充和浮充。

(1) 主充一般是快速充电，如两阶段充电、变流间歇式充电和脉冲式充电都是现阶段常见的主充模式。以慢充作为主充模式，一般采用的是低电流的恒流充电模式。

(2) 铅蓄电池组深度放电或长期浮充后，串联中的单体蓄电池的电压和容量都可能出现不平衡，为了消除这种平衡现象而进行的充电叫作均衡充电，简称为均充。

通常铅蓄电池都不是一个单节单独工作的，而是由多个单节组成的铅蓄电池组承担工作。均充的目的，并不完全是给铅蓄电池充电，而是将铅蓄电池组中各单节之间的工作状态均衡化，具体包括两方面的内容：一是使铅蓄电池组中各单节容量均衡化。在电池组中，如果测出某单节容量偏低，其数值同铅蓄电池组容量相差 30% 以上，或者端电压比全组平均值低 0.05 V，就应进行均衡性充电。通常均衡性充电就是过充电，对落后铅蓄电池进行单独过充电。如果过充电没有效果，就只能用合格备品替换。

(3) 为保护蓄电池不过充，在蓄电池快速充电至 80%～90% 容量后，一般转为浮充(恒压充电)模式，以适应后期蓄电池可接受充电电流的减小。当浮充电压值与蓄电池端电压相等时，会自动停止充电。VRLA 蓄电池浮充的主要作用：补充 VRLA 蓄电池自放电的损失；向日常性负载提供电流；浮充电流应足以维修 VRLA 蓄电池内氧循环。为了使浮充电运行的 VRLA 蓄电池既不欠电，也不过充电，在 VRLA 蓄电池投入运行之前，必须为其设置浮充状态下的充电电压和充电电流。标准型 VRLA 蓄电池的浮充电压应设置为 2.25 V，允许变化范围为 -4 mV/℃。用户应根据温度的变化调整浮充电压的大小，否则将引起 VRLA 蓄电池过充电和过热，恶性循环的结果是使 VRLA 蓄电池的使用寿命降低甚至损坏。

**2. 充电程度的判断**

在对蓄电池进行充电时，必须随时判断蓄电池的充电程度，以便控制充电电流的大小。判断充电程度的主要方法如下：

(1) 观察蓄电池去极化后的端电压变化。一般来说，在充电初始阶段，电池端电压的变化率很小；在充电的中间阶段，电池端电压的变化率很大；在充电末期，电池端电压的变化率极小。因此，通过观测单位时间内端电压的变化情况，就可判断蓄电池所处的充电阶段。

(2) 检测蓄电池的实际容量值，并与其额定容量值进行比较，即可判断其充电程度。

(3) 检测蓄电池端电压。当蓄电池端电压与其额定值相差较大时，说明处于充电初期；当两者差值很小时，说明已接近充满。

**3. 停充控制**

在蓄电池充足电后，必须适时地切断充电电流，否则蓄电池将出现大量出气、失水和温升等过充反应，直接危及蓄电池的使用寿命。因此，必须随时检测蓄电池的充电状况，保证电池充足电而又不过充电。主要的停充控制方法如下：

(1) 定时控制。采用恒流充电法时，电池所需充电时间可根据电池容量和充电电流的大小很容易确定，因此只要预先设定好充电时间，一旦时间达到，定时器即可发出信号停充或降为涓流充电。定时器可由时间继电器或由单片机充当，这种方法简单，但充电时间不能根据电池充电前的状态而自动调整，因此实际充电时，可能会出现欠充、过充的现象。

(2) 电池温度控制。对 VRLA 电池而言，正常充电时，蓄电池的温度变化并不明显，但是当电池过充时，其内部气体压力将迅速增大，负极板上氧化反应使内部发热，温度迅速上升(每分钟可升高数摄氏度)。因此，观察电池温度的变化，即可判断电池是否已经充满。通常采用两只热敏电阻分别检测电池温度和环境温度，当两者温差达到一定值时，即发出停充信号。由于热敏电阻动态响应速度较慢，所以不能及时准确地检测到电池的充满状态。

(3) 电池端电压负增量控制。在电池充足电后，其端电压将呈现下降趋势，据此可将电池电压出现负增长的时刻作为停充时刻。与温度控制法相比，这种方法响应速度快。此外，电压的负增量与电压的绝对值无关，因此这种停充控制方法可适应具有不同单格电池数的蓄电池组充电。这种方法的缺点是，一般的检测器灵敏度和可靠性不高，当环境温度较高时，电池充足电后电压的减小并不明显，因而难以控制。

## 2.5.4　铅酸蓄电池的命名方法
### 2.5.4　Naming Method for Lead-acid Battery

蓄电池名称由单体蓄电池格数、型号、额定容量、电池功能和形状等组成，如图 2-19 所示。当单体蓄电池格数为 1(2 V)时省略，6 V、12 V 分别为 3 和 6。

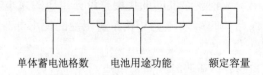

图 2-19　蓄电池的名称组成

各公司的产品型号有不同的解释，但产品型号中的基本含义不会改变。表 2-1 给出了常用代号的含义。

表 2-1　蓄电池常用代号的含义

| 代号 | 拼音 | 汉字 | 全称 |
| --- | --- | --- | --- |
| G | Gu | 固 | 固定式 |
| F | Fa | 阀 | 阀控式 |
| M | Mi | 密 | 密封 |
| J | Jiao | 胶 | 胶体 |
| D | Dong | 动 | 动力型 |
| N | Nei | 内 | 内燃机车用 |
| T | Tie | 铁 | 铁路客车用 |
| D | Dian | 电 | 电力机车用 |

例如：GFM-500，其中 G 为固定型，F 为阀控式，M 为密封，500 为 10 小时率的额定容量；6-GFMJ-100，其中 6 为 6 个单体(电压 12V)，G 为固定型，F 为阀控式，M 为密封，J 为胶体，100 为 20 小时率的额定容量。

### 2.5.5　超级电容器
2.5.5　Supercapacitor

除了铅酸蓄电池，超级电容器也是常见的储能装置。超级电容器又名化学电容器或双电层电容器，如图 2-20 所示，是一种电荷的储存器，但在其储能的过程中并不发生化学反应，而且是可逆的。因此，这种超级电容可以反复充放电数十万次。它可以被视为悬浮在电解质中的两个无反应活性的多孔电极板，在极板上加电，正极吸引电解质中的负离子，负极板吸引正离子，实际形成两个容性存储层，被分离开的正离子在负极板附近，负离子在正极板附近，故又称双层电容器。

图 2-20　超级电容器外形图

超级电容器是近几年才批量生产的一种无源器件，性能介于电池与普通电容器之间，具有电容的大电流快速充放电特性，同时也有电池的储能特性，并且重复使用寿命长，放电时利用移动导体间的电子(而不依靠化学反应)释放电流，从而为设备提供电源，超级电容器的比能量高，功率释放能力强，清洁无污染，寿命长达百万次，具有功率密度大、充放电速率快、循环寿命长、对环境友好等优点，在军事、航天、太阳能光伏发电供电系统及照相手机、数码相机等领域中有着广泛的应用。

**1. 超级电容器的工作原理**

超级电容器中，多孔化电极采用活性炭粉、活性炭和活性炭纤维，如图 2-21 所示，电解液采用有机电解质，如丙烯碳酸脂或高氯酸四乙氨。工作时，在可极化电极和电解质溶液之间界面上形成了双电层中聚集的电容量。其多孔化电极是使用多孔性的活性炭，有极大的表面积在电解液中吸附着电荷，因而具有极大的电容量并可以存储很大的静电能量。超级电容器的这一特性介于传统的电容器与电池之间。

图 2-22 为超级电容器工作原理，当外加电压加到超级电容器的两个极板上时，与普通电容器一样，极板的正电极存储正电荷，负极板存储负电荷，在两极板上电荷产生的电场作用下，电解液与电极间的界面上形成相反的电荷，以平衡电解液的内电场，这种正电荷与负电荷在两个不同相之间的接触面上，以正、负电荷之间极短间隙排列在相反的位置上，这个电荷分布层叫作双电层，因此电容量非常大。当两极板间电势低于电解液的氧化还原电极电位时，电解液界面上电荷不会脱离电解液，超级电容器为正常工作状态(通常为 3 V以下)，如电容器两端电压超过电解液的氧化还原电极电位时，电解液将分解，为非正常状态。随着超级电容器放电，正、负极板上的电荷被外电路泄放，电解液的界面上的电荷响应减小，由此可以看出超级电容器的充放电过程始终是物理过程，没有化学反应。因此其性能是稳定的，与利用化学反应的蓄电池是不同的。

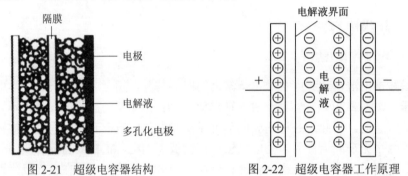

图 2-21    超级电容器结构          图 2-22    超级电容器工作原理

**2．超级电容器的特点**

(1) 使用寿命长，充放电大于 50 万次，是 Li-ion 电池的 500 倍，是 Ni-mh 和 Ni-Cd 电池的 1000 倍，如果对超级电容器每天充放电 20 次，连续使用可达 68 年，其与铅蓄电池的差别见表 2-2。

表 2-2    超级电容器与铅蓄电池主要性能比较

| 项目 | 蓄电池 | 超级电容器 | 单位 |
|------|--------|-----------|------|
| 平均放电时间 | 20～180 | 0.1～30 | s |
| 平均充电时间 | 90～360 | 0.1～30 | s |
| 比能量 | 20～200 | 5～20 | W·h/kg |
| 比功率 | 50～300 | 1000～2000 | W/kg |

(2) 充电速度快，充电 10 s～10 min 可达到其额定容量的 95%以上。

(3) 产品原材料构成、生产、使用、储存以及拆解过程均没有污染，是理想的绿色环保电源。

(4) 在很小的体积下达到法拉级的电容量，无须特别的充电电路和控制放电电路，和普通电池相比，过充、过放都不会对其寿命产生负面影响。

(5) 使用不当会造成电解质泄漏等现象。

(6) 超级电容器在其额定电压范围内可以被充电至任意电位，且可以完全放出，而电池则受自身化学反应限制，工作在较窄的电压范围内，如果过放可能造成永久性破坏。

(7) 超级电容器在分离出的电荷中存储电能，用于存储电荷的面积越大、分离出的电荷越密集，其电容量越大。

### 3. 超级电容器充放电时间

超级电容器可以快速充放电，峰值电流仅受其内阻限制，甚至短路也不是致命的。实际上取决于电容器单体大小，对于匹配负载，小单体可放 10 A，大单体可放 1000 A。另一放电率的限制条件是热，反复地以剧烈的速率放电将使电容器温度升高，最终导致断路。超级电容器的电阻阻碍其快速放电，超级电容器的时间常数是 $1\sim2$ s，完全给阻-容式电路放电大约需要 5 s，也就是说如果短路放电，需要 $5\sim10$ s。但由于电极的特殊结构，它们实际上得花上数个小时才能将残留的电荷完全放掉。

### 4. 超级电容器与传统电容器的不同

传统电容器的面积是导体的平板面积，为了获得较大的容量，导体材料卷制的很长，有时用特殊的组织结构来增加它的表面积。传统电容器是用绝缘材料分离它的两极板，一般为塑料薄膜、纸等，这些材料通常要求尽可能地薄。

超级电容器的面积是基于多孔碳材料，该材料的多孔结构允许其面积达到 2000 $\text{m}^2/\text{g}$，通过一些措施可实现更大的表面积。超级电容器电荷分离开的距离是由被吸引到带电电极的电解质离子尺寸决定的。该距离比传统电容器薄膜材料所能实现的距离更小。这种庞大的表面积再加上非常小的电荷分离距离使得超级电容器较传统电容器而言有大得惊人的静电容量，这也是其所谓"超级"的原因。

### 5. 超级电容器与电池的比较

超级电容器不同于电池，在某些应用领域，它可能优于电池。有时将两者结合起来，将电容器的功率特性和电池的高能量存储结合起来，不失为一种更好的途径。超级电容器在其额定电压范围内可以被充电至任意电位，且可以完全放出。而电池则受自身化学反应限制，工作在较窄的电压范围内，如果过放可能造成永久性破坏。超级电容器的荷电状态(SOC)与电压构成简单的函数，而电池的荷电状态则包括多样复杂的换算。超级电容器可以反复传输能量脉冲而无任何不利影响，相反，如果电池反复传输高功率脉冲，其寿命会大打折扣。

此外，超级电容器可以快速充电，而电池快速充电则会受到损害。超级电容器可以反复循环数十万次，而电池寿命仅几百个循环。

## 新工艺

### 磷酸铁锂电池

磷酸铁锂电池，是指用磷酸铁锂作为正极材料的锂离子电池。锂离子电池的正极材料主要有钴酸锂、锰酸锂、镍酸锂、三元材料、磷酸铁锂等。金属钴(Co)最贵，并且存储量不多，镍(Ni)、锰(Mn)较便宜，而铁(Fe)存储量较多。因此，采用 $\text{LiFePO}_4$ 作为正极材料做成的锂离子电池成本较低，而且对环境无污染，是目前储能市场的主流产品。

充电电池的要求是：容量高、输出电压高、良好的充放电循环性能、输出电压稳定、能大电流充放电、电化学性能稳定、使用中安全(不会因过充电、过放电及短路等操作不当而引起燃烧或爆炸)、工作温度范围宽、无毒或少毒、对环境无污染。采用 LiFePO$_4$ 作为正极材料的磷酸铁锂电池在这些性能要求上都不错，特别在大放电率放电(5～10C 放电)、放电电压平稳上、安全上(不燃烧、不爆炸)、寿命上(循环次数)、对环境无污染上，它是最好的，是目前最好的大电流输出动力电池。

磷酸铁锂电池除了安全性能好外，寿命长也是一大优势。长寿命铅酸电池的循环寿命在 300 次左右，最高也就 500 次，而磷酸铁锂动力电池的循环寿命达到 2000 次以上，标准充电(5 小时率)使用可达到 2000 次。同质量的铅酸电池是"新半年、旧半年、维护维护又半年"，最多也就 1～1.5 年，而在同样条件下使用，磷酸铁锂电池理论寿命将达到 7～8 年。综合考虑，其性价比理论上为铅酸电池的 4 倍以上。

除此之外，磷酸铁锂电池重量轻、容量大，同等规格容量的磷酸铁锂电池的体积是铅酸电池体积的 2/3，重量是铅酸电池的 1/3。电池经常处于充满而不放完的条件下工作，容量会迅速低于额定容量值，这种现象叫作记忆效应。如镍氢、镍镉电池都存在记忆效应，而磷酸铁锂电池无此现象，无论电池处于什么状态，都可随充随用，无须先放完再充电。

磷酸铁锂电池的缺点是，低温性能差，正极材料振实密度小，等容量的磷酸铁锂电池体积要大于钴酸锂等锂离子电池，因此在微型电池方面不具有优势。而用于动力电池时，磷酸铁锂电池和其他电池一样，同样需要面对电池一致性问题。

## 2.6　任务实施

2.6　Implementation of Task

### 2.6.1　系统方案设计

2.6.1　System Design

在本项目系统设计中，太阳能路灯系统包括太阳能组件、蓄电池、控制器、LED 灯、支架系统及其各种配件等，需要进行的设计内容如图 2-23 所示。本项目主要介绍光伏电池组件的选型与计算、控制器的选型、蓄电池的计算与选型等相关内容。

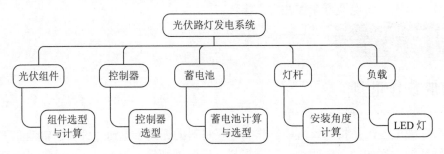

图 2-23　太阳能路灯设计方案

### 2.6.2　光伏组件的选型与计算
### 2.6.2　Selection and Calculation of Photovoltaic Module

#### 1．现场勘查

太阳能路灯由于采用太阳电池组件进行发电，对于路灯安装的具体地点有特殊的要求，安装太阳能路灯前必须对安装地点进行现场勘查。勘查的内容主要有：

(1) 察看安装路段道路两侧(主要是南侧或东、西两侧)是否有树木、建筑等遮挡，有树木或者建筑物遮挡可能影响采光的，测量其高度以及与安装地点的距离，计算确定其是否影响太阳电池组件采光。

(2) 观察太阳能灯具安装位置上空是否有电缆、电线或其他影响灯具安装的设施(注意：严禁在高压线下方安装太阳能灯具)。

(3) 了解太阳能路灯基础及电池舱部位地下是否有电缆、光缆、管道或其他影响施工的设施，是否有禁止施工的标志等。安装时尽量避开以上设施，确实无法避开时，请与相关部门联系，协商同意后方可进行施工。

(4) 避免在低洼或容易造成积水的地段安装。

(5) 对安装地段进行现场拍照。

(6) 测量路段的宽度、长度、遮挡物高度和距离等参数，记录路向并将照片等资料一起提供给方案设计者供参考。

#### 2．光资源分析

为某个地区设计光伏发电系统，首先应确认该地区的地理位置、太阳光辐射强度以及平均峰值日照时数。新疆乌鲁木齐市位于新疆中部，地处天山北麓、准噶尔盆地南缘，北纬 43.45°、东经 87.36°，属于我国太阳能资源较丰富区(Ⅱ区)，采用 RETScreen 软件(RETScreen 清洁能源项目分析软件是世界领先的清洁能源决策软件，它是由加拿大政府完全免费提供的作为加拿大对处理气候变化以及减少污染需采取的综合方法之一，通过软件可以很方便地计算固定方阵倾斜角、地平坐标东西向跟踪、赤道坐标轴跟踪以及双轴精确跟踪等多种方式下太阳能方阵面所接收到的太阳能辐射。具体实施内容参考《仿真指导书》)进行光资源查询，如图 2-24 所示。本项目路灯安装地点新疆乌鲁木齐 1～12 月份的峰值日照时数均有详细数据，平均峰值日照时间为 4.56 小时。

#### 3．最长连续阴雨天确定

最长连续阴雨天数是指需要蓄电池向负载维持供电的天数，也称为系统自给天数。在连续阴雨天期间，光伏组件几乎不能发电，只能靠蓄电池供电，因此，连续阴雨天数的大小直接影响蓄电池的容量。在考虑蓄电池容量时，必须考虑第一个连续阴雨天使蓄电池放电后，还没有来得及补充，就迎来第二个连续阴雨天，系统设计要保证在第二个连续阴雨天内正常工作。

确定最长连续阴雨天数的主要依据是光伏发电系统所在地区的光照数据、系统总负载和负载类型以及用户对供电可靠性的要求等。气候条件是决定最长连续阴雨天数的主要因素，调查和分析当地气候是非常重要的。设计时通常取年平均连续阴雨天数(或无日照)作为依据。确定最长连续阴雨天数需要考虑的另外因素是，负载规模和类型以及用户对供电可靠性的要求，还有系统的经济投入和成本。在连续阴雨天数里，也不是所有时间内向系

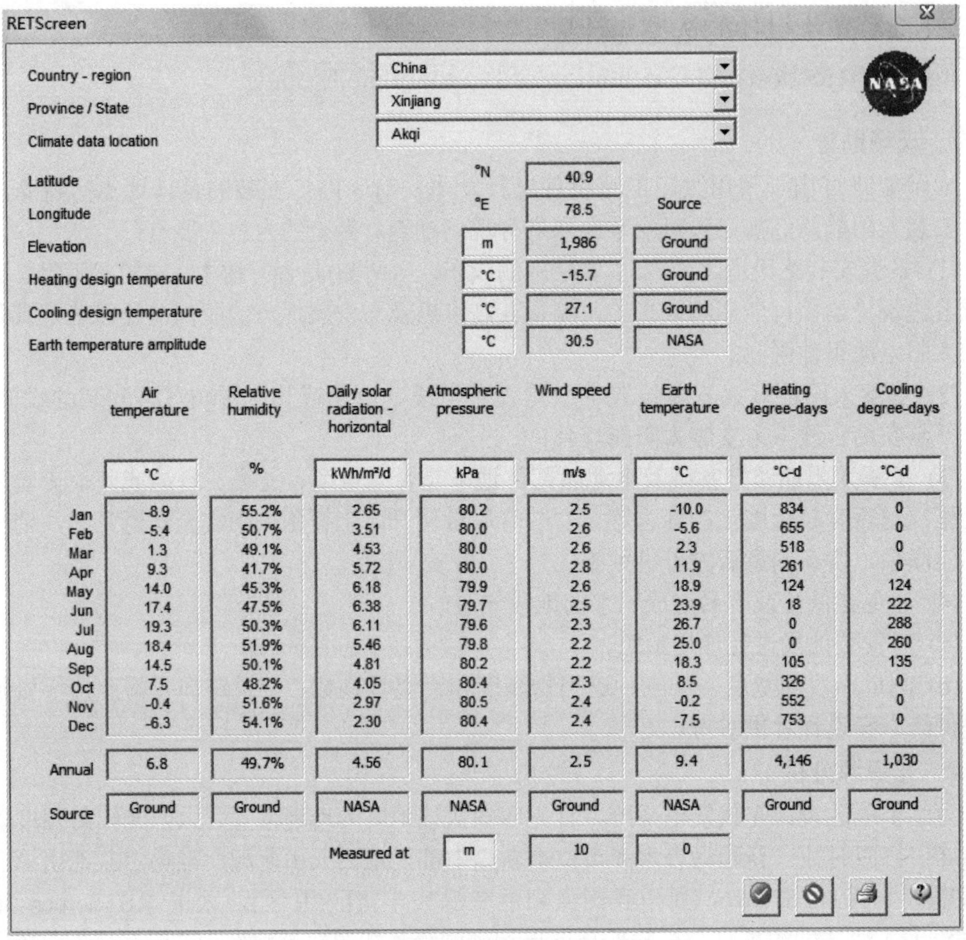

RETScreen

| | | | |
|---|---|---|---|
| Country - region | | China | |
| Province / State | | Xinjiang | |
| Climate data location | | Akqi | |
| Latitude | °N | 40.9 | |
| Longitude | °E | 78.5 | Source |
| Elevation | m | 1,986 | Ground |
| Heating design temperature | °C | -15.7 | Ground |
| Cooling design temperature | °C | 27.1 | Ground |
| Earth temperature amplitude | °C | 30.5 | NASA |

| | Air temperature | Relative humidity | Daily solar radiation - horizontal | Atmospheric pressure | Wind speed | Earth temperature | Heating degree-days | Cooling degree-days |
|---|---|---|---|---|---|---|---|---|
| | °C | % | kWh/m²/d | kPa | m/s | °C | °C-d | °C-d |
| Jan | -8.9 | 55.2% | 2.65 | 80.2 | 2.5 | -10.0 | 834 | 0 |
| Feb | -5.4 | 50.7% | 3.51 | 80.0 | 2.6 | -5.6 | 655 | 0 |
| Mar | 1.3 | 49.1% | 4.53 | 80.0 | 2.6 | 2.3 | 518 | 0 |
| Apr | 9.3 | 41.7% | 5.72 | 80.0 | 2.8 | 11.9 | 261 | 0 |
| May | 14.0 | 45.3% | 6.18 | 79.9 | 2.6 | 18.9 | 124 | 124 |
| Jun | 17.4 | 47.5% | 6.38 | 79.7 | 2.5 | 23.9 | 18 | 222 |
| Jul | 19.3 | 50.3% | 6.11 | 79.6 | 2.3 | 26.7 | 0 | 288 |
| Aug | 18.4 | 51.9% | 5.46 | 79.8 | 2.2 | 25.0 | 0 | 260 |
| Sep | 14.5 | 50.1% | 4.81 | 80.2 | 2.2 | 18.3 | 105 | 135 |
| Oct | 7.5 | 48.2% | 4.05 | 80.4 | 2.3 | 8.5 | 326 | 0 |
| Nov | -0.4 | 51.6% | 2.97 | 80.5 | 2.4 | -0.2 | 552 | 0 |
| Dec | -6.3 | 54.1% | 2.30 | 80.4 | 2.4 | -7.5 | 753 | 0 |
| Annual | 6.8 | 49.7% | 4.56 | 80.1 | 2.5 | 9.4 | 4,146 | 1,030 |
| Source | Ground | Ground | NASA | NASA | Ground | NASA | Ground | Ground |
| | | | Measured at | m | 10 | 0 | | |

图 2-24 用 RETScreen 软件查询光资源

统的全部负载供电，在送电时间和负载对象上应有所选择，否则蓄电池组的规模和投资将会大大增加。

对于非重要用户或带有发电机的光伏/风力互补系统，最长连续阴雨天数的选择范围为 2～3 天。对于没有备用电源的重要负载(如移动通信这样的设备电源)，可定为 5～7 天。项目中新疆乌鲁木齐属于温带大陆性干旱气候，因此乌鲁木齐的最长连续阴雨天数按 2 天进行计算。

**4．系统工作电压确定**

以太阳能路灯光源的直流输入电压作为系统工作电压，一般为 12 V 或 24 V，特殊情况下也可以选择交流负载，但必须增加逆变器才能工作。选择交流负载时，在条件允许的情况下，尽量提高系统电压，以减少线损。直流输入电压的选择也要兼顾控制器、逆变器等元器件的选型，在本项目中选择 12 V 系统工作电压进行设计。

**5．光伏组件选型计算**

这里采用以峰值日照时数为依据的简易计算方法，此种方法主要用于小型独立光伏发电系统的快速设计与计算。

$$光伏组件功率 = \frac{负载功率 \times 用电时数}{当地峰值日照时数} \times 损耗系数 \tag{2-5}$$

式中，光伏组件功率、负载功率单位为瓦(W)；用电时数、当地峰值日照时数为小时(h)。

损耗系数主要有线路损耗、控制器接入损耗、光伏组件玻璃表面脏污及安装倾角不能照顾冬季和夏季等因素损耗，可根据需要在 1.6～2 间进行选取。

这里损耗系数取 1.4，峰值日照时间为 4.56 小时，路灯功率为 40 W，每天工作 5 小时，代入公式计算得到电池板功率为

$$P = \frac{40 \times 5 \times 1.4}{4.56} = 61.4 \, \text{W}$$

具体电池组件的功率要根据生产厂家组件的规格进行选择，这里可以选择 70 W 的晶体硅电池板，如图 2-25 所示。

基本信息

| 型号： | DYS-70W |
|---|---|
| 峰值功率 $P_{\text{m}}$/W | 70 W |
| 峰值工作电压 $U_{\text{oc}}$/V | 17.5 |
| 峰值工作电流 $I_{\text{m}}$/A | 4 |
| 开路电压 $U_{\text{oc}}$/V | 21.5 |
| 短路电流 $I_{\text{sc}}$/A | 4.52 |
| 组件尺寸 $W \times L \times H$/mm | 870×530×30 |
| 眼距/mm | 500×530 |
| 质量 $m$/kg | 6 |
| | |

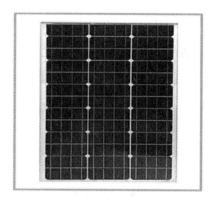

图 2-25  电池组件图片及参数

项目中使用的电池组件需要安装在路灯上，应该力求电池板面积最小，所以选择转换效率较高、占用面积较小的晶体硅电池组件。

### 2.6.3  蓄电池选型计算

2.6.3  Selection and Calculation of Battery

**1. 蓄电池容量的计算**

首先根据当地的阴雨天情况确认选用的蓄电池类型和蓄电池的存储天数，一般北方选择存储天数为 3～5 天，西部少雨地区可以选择 2 天，将负载需要的用电量乘以根据实际情况确定的连续阴雨天数得到初步蓄电池容量。

$$蓄电池容量 = \frac{负载日平均用电量 \times 连续阴雨天数}{最大放电深度} \tag{2-6}$$

式中，电量的单位是 A·h，如果电量的单位是 W·h，需先将 W·h 折算成 A·h，折算关系如下：

$$负载平均用电量 = \frac{负载日平均用电量}{系统工作电压} \tag{2-7}$$

负载为 40 W，每天工作 5 小时，系统工作电压 12 V，阴雨天选择 2 天，这里选择放电深度为 80% 的蓄电池，代入公式得到蓄电池的容量为 $40 \times 5 \times 2 / 0.8 / 12 = 41.67\,A \cdot h$，为了保证系统运行，一般选择蓄电池要保持一定的余量，蓄电池的电压与系统工作电压一致，因此可以选择 12 V、60 A·h 的蓄电池，具体型号选择还需要根据厂家提供的参数而定。

**2．蓄电池串并联数的确定**

对于蓄电池的电压与系统工作电压不一致的系统，则需要将蓄电池串联，串联的蓄电池的个数等于负载的标称电压除以蓄电池的标称电压，即

$$蓄电池串联数 = \frac{系统工作电压}{蓄电池标称电压} \tag{2-8}$$

假设上述方案中选择 6 V 的蓄电池，则蓄电池的串联数为 $12/6 = 2$，即需要串联两块蓄电池。如果选择的一块蓄电池容量达不到系统需要，则需要将蓄电池并联。蓄电池并联数的计算公式为

$$蓄电池并联数 = \frac{蓄电池总容量}{蓄电池标称容量} \tag{2-9}$$

假设上述方案中选择的蓄电池为 30 A·h，则蓄电池的并联数 $= 41.67/30 = 1.39$，选择 2 块。

从理论上讲，这些选择都可以满足要求，但是在实际应用当中，要尽量减少并联数目，即最好选择大容量的蓄电池，以减少所需的并联数目。这样做的目的就是为了尽量减少蓄电池之间的不平衡所造成的影响，因为一些并联的蓄电池在充放电的时候可能造成蓄电池不平衡，并联的组数越多，发生蓄电池不平衡的可能性就越大。一般来讲，并联的数目不要超过 4 组。

目前，很多光伏系统采用的是两组并联模式。这样，如果有一组蓄电池出现故障，不能正常工作，就可以将该组蓄电池断开进行维修，而使用另外一组正常的蓄电池，虽然电流有所下降，但系统还能保持在标称电压正常工作。总之，蓄电池组的并联设计需要考虑不同的实际情况，根据不同的需要作出不同的选择。

因此，针对本项目光伏路灯系统最好选择 12 V、60 A·h 的蓄电池，减少了系统的串、并联，降低系统成本。

**3．蓄电池的选型**

对于蓄电池的选型，根据离网光伏发电系统特殊的使用环境及条件，系统对蓄电池有如下要求：

(1) 具有深循环放电性能；

(2) 循环使用寿命长；

(3) 对过充电、过放电耐受能力强；

(4) 具有免维护或少维护的特点；

(5) 低温下也具有良好的充电、放电特性；

(6) 具有较高的能量效率；

(7) 具有很高的性能价格比。

目前离网型光伏发电系统大多采用阀控式免维护铅酸蓄电池。因此在本项目路灯系统中选择 12 V、60 A·h 阀控式免维护铅酸蓄电池(VRLA)。

## 2.6.4　光伏控制器的选型

### 2.6.4　Selection of Photovoltaic Controller

控制器配置选型工作，要根据整个光伏发电系统的各项技术指标并参考生产厂家提供的产品样本手册来确定。

(1) 系统工作电压：太阳能发电系统中蓄电池或蓄电池组的工作电压，这个电压要根据直流负载的工作电压或交流逆变器的配置选型确定，一般有 12 V、24 V、48 V、110 V 和 220 V 等。

(2) 额定输入电流和输入路数：控制器的额定输入电流取决于太阳能电池组件或方阵的输入电流，选型时控制器的额定输入电流应等于或大于太阳能电池的输入电流；控制器的输入路数要多于或等于太阳能电池方阵的设计输入路数。

(3) 控制器的额定负载电流：控制器输出到直流负载或逆变器的直流输出电流。该数据要满足负载或逆变器的输入要求。

除上述主要技术数据要满足设计要求以外，使用环境温度、海拔高度、防护等级和外形尺寸等参数以及生产厂家和品牌也是控制器配置选型时要考虑的因素。

根据上述计算选择的太阳能组件峰值功率为 60 W，系统工作电压为 12 V，依据这些参数计算控制器的最大工作电流是 $I = 70 \text{ W}/12 \text{ V} = 5.83 \text{ A}$。因此选择 12 V/10 A 的控制器，表 2-3 为所选控制器的参数。

表 2-3　控制器参数表格

| 规格 | 5 A/10 A | | |
|---|---|---|---|
| 充电方式 | PWM 调节方式 | | |
| 充电额定电流 | 5 A/10 A | | |
| 放电额定电流 | 5 A/10 A | | |
| 系统电压 | 6 V | 12 V | 24 V |
| 太阳能板/负载功率 | 5 A≤30 W<br>10 A≤60 W | 5 A≤60 W<br>10 A≤120 W | 5 A≤120 W<br>10 A≤240 W |
| 过载、短路保护 | ≥3 倍的额定电流短路保护动作<br>1.5 倍的额定电流延时 5 分钟关闭，5 分钟后自动恢复 | | |
| 控制器保护 | 过载、反接、过放、过充、短路、防倒流等 | | |

## 2.7　系统安装与调试

2.7 System Installation and Commissioning

### 2.7.1　太阳能 LED 路灯的安装

2.7.1　Installation of Solar LED Streetlights

**1. 路灯安装过程中应注意的问题**

灯杆(特别是高杆灯杆)的吊装定位是安装工程的主体工程，设计的杆位多数是通过计算推算而定，而现场则可能出现一些杆位与设计不符的情况，需要现场变更杆位。同时还要掌握施工现场是否适宜运输、吊装车辆进场，吊装设备能否到位作业，是否需要临时中断交通等，只有经过实地勘察，方能制定可行的吊装方案。

除一些重点工程外，目前大部分道路照明工程是在道路主体工程完工通车前后的一段时间里突击完成的。但是，随着经济发展水平的提高，道路照明已成为美化城市景观的一个组成部分。因此，为了确保道路照明工程的施工质量，路灯器具供应商和安装方要积极提前介入道路照明工程。在路灯安装中应注意以下几点：

(1) 全面了解灯具、光源、灯杆的特点，针对道路实际和参考的照明标准，结合投资预算，合理地选用灯具、光源、灯杆，以充分发挥光源的高效节能、灯具的配光性、配件组合的优势。

(2) 在保证光照性能的条件下，适当加大灯具间距，以减少灯具数量；适当提高灯杆高度，以改进光照效果；尽可能在道路的中间分割带上布置灯杆，以节省工程费用。

(3) 结合道路工程，适时提前介入杆位选定、基础施工和预埋，以便及时发现问题，合理变更，保证质量，节省投资。

(4) 根据工地实际和地质情况，设计制作灯杆基础和高灯杆基础，保证基础牢固可靠。要特别注意预埋螺栓与杆座预留孔适配、定位准确，预埋长度和外留长度合理，螺纹部分要妥善保护，以方便吊装定位。

(5) 在岩层、风化石地段，分散接地和分段接地难以达到要求，可以考虑增设接地极，并按设计要求用镀锌扁钢与增设的接地板连接，连接要可靠，同时加以合适的防护处理，并与预埋基础可靠连接，保证每根灯杆与接地极可靠连接。高杆灯较分散，主要依靠基础接地，必要时要使用降阻剂，降低接地电阻。

(6) 吊装作业要严格遵守操作规程，要特别关注吊装设备周围的电力线路和其他线路以及周边构筑物，吊装时吊点要合理，定位后要及时调整。

(7) 注意安装后灯杆的美观。从基础施工开始，灯位以主线为准，控制好直线性，并合理地按道路设计线形变化，灯杆平直，加工焊缝和检修口要避开主行方向，且全线保持一致，灯杆悬臂的倾角及太阳能电池的朝向、倾角要保持方向和角度的协调。

(8) 灯具内部的接插件要插紧、插牢，避免风摆松动和接触不良而造成故障，灯具与灯杆悬臂，太阳能电池支架与灯杆要可靠固定。高杆灯的每节杆要套装到位，升降架与灯具要可靠固定，升降系统要安全可靠，升降、限位、定位等功能齐全。

**2. 太阳能 LED 路灯安装接线注意事项**

(1) 安装太阳能电池组件时要轻拿轻放，严禁将太阳能电池组件短路。

(2) 电源线与接线盒处、灯杆和太阳能电池组件的穿线处用硅胶密封，太阳能电池组件连接线需在支架处固定牢固，以防电源线因长期下垂或拉拽而导致线端松动乃至脱落。

(3) 安装灯头和光源时要轻拿轻放，确保透光罩清洁、无划痕。

(4) 搬动蓄电池时不要触动蓄电池端子和安全阀，严禁将蓄电池短路或翻滚。

(5) 接线时注意正、负极，严禁接反，接线端子压接牢固、无松动，同时应注意连接顺序，严禁使线路短路。

(6) 不要同时触摸太阳能电池组件和蓄电池的正、负极，以防触电。

(7) 在安装过程中应避免将灯体划伤。

(8) 灯头、灯臂、上灯杆组件、太阳能电池组件等各螺栓连接处连接牢固，无松动。

(9) 安装太阳能电池组件时必须加护板。

(10) 灯杆镀锌孔处用与灯杆配套的密封器件或硅胶密封，并注意美观。

### 2.7.2　系统调试
**2.7.2　System Commissioning**

在灯具安装好以后进行吊装前，要用蓄电池再进行一次测试，看灯具是否能够点亮，避免吊装完成后发现故障，增加安装调试成本。

(1) 时控功能设置：根据设计方案中设计的每天亮灯时间，按控制器说明书指示设置时间控制节点，每晚亮灯时间应不大于设计值，只能等于或小于设计值。

(2) 光控功能模拟：若是白天，接线后可用不透光物完全遮挡太阳能电池组件迎光面(或把控制器上的太阳能电池组件接线拆下)，根据控制说明书上提到的延时时间(一般为 5 min)，看经过相应时间后灯具是否能自动点亮。能点亮说明光控开功能正常。不能点亮则说明光控开功能失效，需重新检查控制器设置光情况。若正常，去除太阳能电池组件上的遮挡物(或把控制器上的太阳能电池组件电源线接好)，若光源能够自动熄灭，说明光控关功能正常。

## 2.8　应用案例
**2.8　Application Cases**

### 2.8.1　内蒙古呼和浩特风光互补路灯设计案例
**2.8.1　Design Case of Wind and Solar Streetlights in Hohhot of Inner Mongolia**

风光互补发电系统是一种将光能和风能转化为电能的装置，由于太阳能与风能的互补性强，该系统能弥补风电和光电独立系统在资源上的间断不平衡性、不稳定性。可以根据用户的用电负荷情况和资源条件对系统容量进行合理配置，既保证供电的可靠性，又降低发电系统的造价。同时，风光互补发电系统是一套独立的分散式供电系统，可不依赖电网独立供电，不消耗市电，不受地域限制，环保又节能，还可作为一道靓丽的风景为城市景观增姿添彩。

**1. 离网型风光互补发电系统的特点**

风光互补发电系统运行方式分为离网运行和并网运行两种。离网型风光互补发电系统是利用风能发电机和太阳能电池组件将风能和太阳能转换为电能，通过控制器作用将其存储在蓄电池中，然后再由控制器控制蓄电池供电的一套综合系统。将两套发电装置应用在一个系统中，系统的稳定性大大提高。

**2. 离网型风光互补发电系统的组成**

离网型风光互补发电系统组成结构与离网型光伏发电系统类似，只是在发电装置中并入了小型风能发电机(也称风机)，如图 2-26 所示。

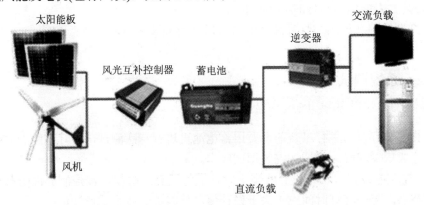

图 2-26　离网型风光互补发电系统组成示意图

(1) 太阳能电池组件：太阳能电池组件按照系统需求串、并联而成，在太阳光照射下将太阳能转换成电能输出，它是系统的核心部件之一。

(2) 小型风能发电机：风能发电机是将风能通过风叶转换为动力驱动发电机产生电能的动力机械，它是系统核心部件之一。

(3) 蓄电池：将太阳能电池组件产生的电能储存起来，当光照不足且风速不大时或者需要的电能大于太阳能电池和风力发电机发出的电量时，将储存的电能释放以满足负载的能量需求，它是系统的储能部件。

(4) 控制器：它是对蓄电池的充、放电条件加以规定和控制，按照负载的电源需求控制光伏阵列风力发电机以及蓄电池对负载的电能输出，是整个系统的控制部分。

(5) 逆变器：在风光互补离网发电系统中，如果负载中含有交流负载，那么还可使用逆变器设备，将光伏电池组件产生的直流电或者蓄电池释放的直流电转换为交流电供负载使用。

**3. 风光互补路灯设计案例**

(1) 根据现场勘查情况，风光互补路灯安装位置位于道路两旁绿化带附近，而风光互补路灯要求安装在无树荫、楼宇等遮挡的位置，如有遮挡，将大大降低风机和光伏组件的发电效率。一般建议风机和光伏组件的安装高度要高于周围的树木，以保证风机和光伏组件的发电效率。因此灯高设计为 10 m，路灯效果图如图 2-27 所示。

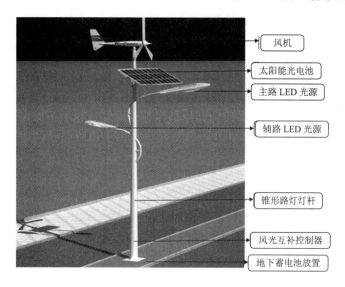

图 2-27    风光互补路灯系统效果图

(2) 项目根据《城市道路照明设计标准》(CJJ45—2006)设计，路灯间距和高度之比以 3∶1 为宜，不应超过 4∶1；路灯所选用的 LED 光源光照半径为 15 m，为保证该路段夜间的整体效果，设计路灯间距为 30 m，图 2-28 为本案例效果图。

图 2-28    实际案例效果图

### 4. LED 灯具的选择

(1) 路灯光源选用路灯专用 LED 光源，该光源具有以下特点：首创散热器与灯壳一体化设计，LED 直接与外壳紧密相接，通过外壳散热翼与空气对流散热，充分保证了 LED 路灯 50 000 小时的使用寿命。按照每天工作 10 小时计算，其寿命也在 12 年以上，维护费用极低。

(2) 灯壳采用铝合金压铸成型，可以有效地散热和防水、防尘。灯具表面进行了耐紫外线抗腐蚀处理，整体灯具达到 IP65 标准。

(3) 采用单体椭圆反射腔配合球状弧面来设计，针对性地将 LED 发出的光控制在需要范围内，提高了灯具出光效果的均匀性和光能的利用率，更能凸显 LED 路灯节能优点。与传统的钠灯相比，可节电 60%以上。

(4) 无不良眩光、无频闪。消除了普通路灯的不良眩光所引起的刺眼、视觉疲劳与视线干扰，提高驾驶的安全性。

(5) 启动无延时，通电即达正常亮度，无须等待，消除了传统路灯长时间的启动过程。

(6) 绿色环保无污染，不含铅、汞等污染元素，对环境没有任何污染。

**5. 风机的选型**

本系统选用 300 W 全永磁悬浮风力发电机，风机输出三相交流电，经过风光智能控制器给蓄电池充电。全永磁悬浮风力发电机是专门为低风速区应用而研发的风机，如图 2-29 所示，其具有以下优势：

(1) 用全永磁悬浮推力轴承平衡由于风压作用在叶轮上引起的轴向压力增加而产生的轴向摩擦力，以减少传统风机因叶轮在超大风速作用下旋转时的轴向摩擦力，这对提高风机旋转速度，减小轴向摩擦，增加发电量，意义重大。

(2) 风机转子系统在旋转时的径向摩擦力可减小 70%以上，极大地减少了摩擦阻力，启动风速为 1.5 m/s，明显优于普通风力发电机。

图 2-29　风机图片

(3) 采用新一代专利技术的径向磁路永磁转子结构，无滑环，无励磁绕组，定、转子气隙大，使发电机具有中、低速发电性能好，效率高、比功率大的特点，能适应高转速的使用场合。

(4) 使用全永磁悬浮轴承，使整个转子处于微摩擦状态，辅助轴承则采用专用的宽系列双橡胶圈密封进口轴承(内含长寿命、耐高温润滑脂)；先进的真空沉浸工艺使发电机具有可靠性高、寿命长、结构简单、免维护的特点，同时能使发电机在极恶劣的环境条件下可靠工作。

表 2-4 为选用风机的技术参数。

表 2-4　风机的技术参数

| 型　号 | FD1.5-0.30/10C | 安全风速 | 50.0 m/s |
| --- | --- | --- | --- |
| 叶片直径 | 1.5 m | 额定直流输出 | 12 V / 24 V |
| 启动风速 | 1.5 m/s | 额定功率 | 300 W |
| 切入风速 | 2.5 m/s | 过风保护方式 | 电磁制动 |
| 额定风速 | 10 m/s | | |

**6. 光伏组件的选型**

对于较小型电站，电池组件选型遵循以下原则：在兼顾易于搬运的条件下，选择大尺寸、高效、易于接线的电池组件；组件各部分抗强紫外线(符合 GB/T18950—2003《橡胶和塑料管静态紫外线心能测定》)。

### 7. 风光互补智能控制器的选型

本案例中的控制器采用风光互补智能控制器，具有高效充电及多种自我保护功能，如图 2-30 所示。

图 2-30　风光互补智能控制器

风光互补智能控制器的具体参数见表 2-5。

**表 2-5　风光互补智能控制器的具体参数**

| 型　号 | EPFG24V-20 | 外形尺寸 | 310 mm×200 mm×120 mm |
|---|---|---|---|
| 风机输入 | 三相 AC ≤50V，$P$≤300 W | 蓄电池欠压保护启动电压 | DC 21.0±0.3 V |
| 光伏电池输入 | DC 50.0 Vpm，$I$≤15 A | 蓄电池欠压保护恢复电压 | DC 23.0±0.3 V |
| 输出电压 | DC 28.0 V | 蓄电池充满保护启动电压 | DC 28.0±0.2 V |
| 输入过压保护值 | AC 50±5V | 风机卸载箱功率 | 400 W |
| 输出过流保护值 | DC 20±1 A | 工作环境 | 环境温度−45～65℃，相对湿度 0～90% |

### 8. 蓄电池的安装方式

蓄电池采用地表下安装方式。由于蓄电池在低温或高温环境工作都会影响其工作性能，尤其是在低温下，其工作容量将会下降很多，这是蓄电池特性所决定的。在地表下 1～1.5 m 处，其环境温度受地温的影响较明显，起到一定的"恒温"作用，使其在冬季温度比地表以上高，在夏季炎热时又比地表上温度低，有利于蓄电池性能的发挥。

### 9. 灯杆的设计

灯杆必须满足抗 10 级风荷载的强度要求。本系统应用于公路及人行道照明，光灯杆高度设计为 10 m，光源距地面 8.0 m，采用一杆双灯的款式；该款式可根据客户具体要求作调整，或者使用客户指定的灯杆款式，下口径不小于 200 mm，上管径不得小于 100 mm，管壁厚度≥4 mm(未镀锌前)，采用优质钢材，灯杆必须热镀锌喷塑，寿命 10 年以上。在灯杆结构设计中，除考虑强度因素外，还要结合当地的自然环境，着重考虑抗腐蚀性，外观的美观、新颖性等因素。

### 10. 风光互补路灯系统的设备配置

根据以上分析得到的风光互补路灯的设备配置表如表 2-6 所示。

表 2-6　风光互补路灯设备配置表

| 名称 | 规格型号 | 数量 | 单位 |
|---|---|---|---|
| 风机 | 300 W | 1 | 台 |
| 控制器 | 风光互补 | 1 | 台 |
| 光伏组件 | 100 W | 2 | 块 |
| 光源 | LED24V80W | 1 | 盏 |
| 光源 | LED24V20W | 1 | 盏 |
| 蓄电池 | 12 V/150 A·h | 2 | 只 |
| 蓄电池箱 |  | 1 | 个 |
| 灯杆 | 10 m(双灯) | 1 | 套 |
| 电缆附件 |  | 1 | 套 |

### 11．风光互补系统安装调试

在进行风光互补发电系统的安装调试时应注意以下事项：

(1) 合理调整太阳能电池板组件安装倾角，在安装太阳电池组件时，应选择远离高楼，且无树叶等遮挡物的地方；太阳电池组件的输出正、负极在连接到控制器前须采取措施避免短接，注意正、负极不要接反；太阳电池板组件的输出线应避免裸露导体；太阳电池组件与支架连接时要牢固可靠，各紧固件拧紧。

(2) 蓄电池放入电池箱内时须轻拿轻放，防止砸坏电池箱；蓄电池之间的连接线必须连接牢固，并压紧(但拧螺栓时要注意扭力，不要将电池接线柱拧坏)，确保端子与接线柱导电良好；所有串、并联导线禁止短接和错接，避免损坏蓄电池。

(3) 控制器连线不允许接错，连接之前请先对照相应的实物连线图进行连线，实物图如图 2-31 所示，连线原理图如图 2-32 所示。穿线时一定要注意不要损坏导线绝缘层，导线的连接牢固，可靠导通。

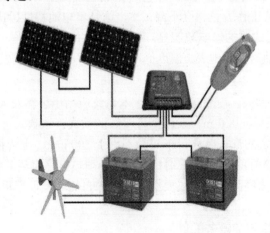

图 2-31　风光互补路灯实物连线图

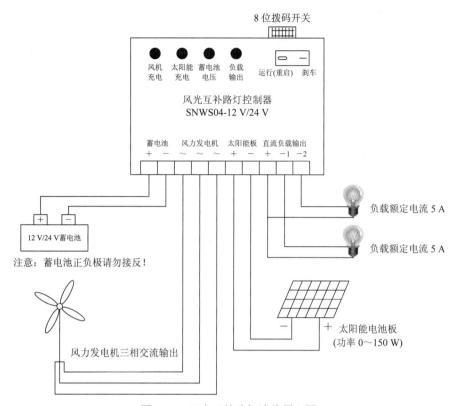

图 2-32  风光互补路灯连线原理图

## 2.8.2  哈尔滨移动通信基站风光互补发电系统设计案例

2.8.2  Design Case of Wind-Solar Hybrid Power Generation System for Harbin Mobile Communication Base Station

### 1. 案例介绍

案例项目地点位于哈尔滨地区,要求为 1.5 kW 的通信基站系统每天提供 24 小时电力;供电方式为风光互补型,要求自给天数为 2 天。

### 2. 地理条件分析

哈尔滨市位于东经 125°42′~130°10′、北纬 44°04′~46°40′之间,地处中国东北北部地区,黑龙江省南部,属于中温带大陆性季风气候,气温一般在 8~10℃左右,春季多大风,是一年中大风天气最多的季节,夏季是降水最多的季节,但降水强度不大,平均暴雨日数 1~2 天,特大暴雨少见,太阳能日平均辐射量和风能资源均能够满足本系统的要求。

### 3. 负载分析

本案例中负载为通信基站用 BTS 系统,其额定功率为 1500 W,两套,额定工作电压为 DC 46~54 V,每天上午 6 点到晚上 10 点运行功率为 1500 W,晚上 10 点第二天 6 点,运行功率为 750 W。通过以上分析,负载每天的用电量见表 2-7。

表 2-7　负载用电统计

| 序号 | 负载功率 | 工作时间 | 用电量 |
|---|---|---|---|
| 1 | 1500 W | 16 h | 24 kW·h |
| 2 | 750 W | 8 h | 6 kW·h |
| 总计 | 30 kW·h | | |

**4．设备选型设计**

已知负载的每天用电量为 30 kW·h，根据哈尔滨地区的气象数据设计风光互补发电系统中的风力输出电量占总用电量的 10%，即风力每天发电量需至少 3 kW·h，光伏发电量每天需至少 27 kW·h，负载用电电压为 DC 46～54 V，因此设计系统工作电压为 48 V。

根据哈尔滨的风力情况及日照情况，以及风力发电机的功率曲线和光伏组件的电气参数，系统配置为 1 kW 风力发电机 1 台，10 kW 光伏发电系统 1 套，2 V/3000 A·h 蓄电池 24 块，48 V/1 kW 风光互补控制器 1 台，48 V/5 kW 光伏控制器两台，配套配电柜 1 台，组件支架 1 套。设计的通信基站风光互补电站效果如图 2-33 所示。

图 2-33　哈尔滨移动通信基站风光互补发电系统效果图

系统设备配置如表 2-8 所示。

表 2-8　移动基站风光互补发电系统设备配置表

| 序号 | 部件名称 | 规格型号 | 数量 |
|---|---|---|---|
| 1 | 太阳能组件 | 24 V/250 W | 40 块 |
| 2 | 风力发电机 | 48 V/1 kW | 1 台 |
| 3 | 太阳能支架 | 10 kW | 1 套 |
| 4 | 机杆 | 6 米拉索 | 1 根 |
| 5 | 风光互补控制器 | 48 V/1 kW | 1 台 |
| 6 | 太阳能控制器 | 48 V/5 kW | 2 台 |
| 7 | 蓄电池 | 2 V/3000 A·h | 24 块 |
| 8 | 蓄电池保温柜 | 配套 | 2 支 |
| 9 | 配电柜 | 配套 | 1 台 |

# 空间站太阳能

卫星等航天器上的能源来源有三种，一是电池，二是核发电，三是太阳能。目前人类已发射的 3000 多颗各类人造卫星和航天器中，80%以上的卫星能源都是通过太阳能电池组件，将太阳的光能转换成电能的。

空间用的太阳能电池板，不是我们常见的晶硅组件，一般都是砷化镓多结太阳能电池，因为对空间太阳能电池的具体要求和地面光伏电站不同：

(1) 空间太阳能电池的转换效率必须高，重量必须轻；

(2) 空间太阳能电池工作时会受到各种高能粒子和高强度紫外线的辐照，抗辐照性能必须高。可以看出，地面光伏电站最主要考量的是度电成本，是投资回报，而空间太阳能电池只考虑效率、重量和抗辐射。

空间太阳能电池采用多结砷化镓而不用晶硅电池的原因主要有以下三个方面：

(1) 砷化镓的禁带较硅为宽，使得它的光谱响应性和空间太阳光谱匹配能力较硅好。单结的砷化镓电池理论效率可达到 30%，而多结的砷化镓电池的实验室最高效率更可超过50%，而晶硅电池的实验室转化效率不到 30%。

(2) 常规上，砷化镓电池的耐温性要好于硅光电池。有实验数据表明，砷化镓电池在250℃的条件下仍可以正常工作，但是硅光电池在 200℃就已经无法正常运行。

(3) 砷化镓一般制成薄膜电池，重量比晶硅电池轻。

据悉，2016 年我国发射的神舟 11 号飞船采用的砷化镓太阳能电池仍是高效三结电池，转化效率为 27.5%。高轨卫星能达到 15 年寿命，低轨卫星能达到 8 年寿命。

2021 年 4 月，长征五号 B 遥二运载火箭搭载着中国空间站(图 2-34)天和核心舱发射升空。天和核心舱采用了大面积可展收柔性太阳电池翼，双翼展开面积可达 134 m²，这是我国首次采用柔性太阳翼作为航天器的能量来源。柔性太阳翼集合了大面积轻量化、重复展收高可靠、低轨 10 年在轨长寿命、刚柔并济高承载四大全新技术。与传统刚性、半刚性的太阳电池翼相比，柔性翼体积小、展开面积大、功率重量比高，单翼即可为空间站提供 9 kW

图 2-34   天宫空间站

的电能，在满足舱内所有设备正常运转的同时，也完全可以保证航天员在空间站中的日常生活。柔性翼全部收拢后只有一本书的厚度，仅为刚性太阳翼的 1/15。

天和核心舱巨大的太阳能翼光电转换效率高达 30%，相比传统航天器的太阳能帆板，其转换能效大幅度提升。这意味着它仅用国际空间站一半面积的太阳能电池就能超过国际空间站的总供电量，即同样的发电功率，面积至少少了一半。随着空间站的投入使用，新型光伏组件的研发进度也将会大大加快。

同时，中国空间站将对空间太阳能电站技术提供在轨验证支持，为我国实现碳达峰、碳中和目标作出贡献。

# 【课后任务】

## 【After-class Assignments】

在某地区设计一套太阳能草坪灯，草坪灯每天工作 8 小时，当地日照峰值时数为 3.8 小时，连续阴雨天数按 3 天设计，完成以下任务：

(1) 光伏电池板选型与计算；

(2) 控制器及蓄电池选型与计算；

(3) 利用网络进行成本核算。

# 【课后习题】

## 【After-class Exercises】

1. 光伏发电系统设计的原则是什么？

2. 光伏发电系统设计考虑的相关因素有哪些？

3. 画简图说明电池片的结构，并说明单晶、多晶电池片在外观上的区别。

4. 说明电池片、光伏组件、光伏阵列之间的关系。

5. 常见光伏电池种类有哪些，优缺点分别是哪些？

6. 简述铅酸蓄电池的工作原理。

7. 铅酸蓄电池的参数有哪些？

8. 举例说明蓄电池的型号命名。

9. 如何实现蓄电池充电中各阶段的自动转换？如何判断充电程度？如何实现充停控制？

10. 光伏发电系统中光伏控制器的主要作用有哪些？

11. 光伏控制器的选型主要考虑哪些因素？

# 【实训二】 光伏控制器工作原理

## 【Practical Training Ⅱ】 Working Principle of Photovoltaic Controller

### 一、实训目的

掌握光伏控制器工作原理以及选型需要考虑的因素。

## 二、实训设备

康尼光伏发电实训设备(见图 1-42)、天煌风光互补发电实训平台(见图 2-35)。

图 2-35　风光互补发电实训平台

## 三、实训内容

(1) 观察康尼和天煌设备分别采用什么电路实现的 MPPT 跟踪。

(2) 观察康尼设备与天煌设备分别使用什么型号的风机、参数。

(3) 模块中开关电源有什么作用,并简述工作原理。

(4) 结合课本所学光伏控制器的原理,观察天煌设备,画出其控制器的系统框图。

(5) 光伏控制器选型,以 40 W 路灯为例计算选择光伏组件与蓄电池,并上网查询选择控制器。

(6) PLC 在系统中有什么作用,控制哪些信号,输入、输出包括哪些信号,画出线路图。

(7) 康尼风光互补系统中负载有几种,分别是什么负载,需要什么电源供电?

(8) 本系统变频器有什么作用,分析其工作原理。

(9) 撰写实训报告。

# 项目 3 家用光伏电站设计

## Item Ⅲ Design of Household Photovoltaic Power Station

## 3.1 任务提出

### 3.1 Proposal of Task

　　家用光伏发电系统是指主要供给无电或缺电的家庭、小单位等所使用的小型离网独立光伏发电系统。由于其具有灵活多样、功率小、安装方便的特点，既不占用额外土地，又有显著的减排生态效益，被广大边远地区的农牧民和边防海岛用户以及离公共电网较远区域的居民所接受。本项目设计一套家用独立光伏发电系统，地点为山西省太原市郊区。如图 3-1 所示，该用户离公共电网较远，设计的光伏发电系统安装在居民屋顶上，能够实现白天发电储能，供用户自用。

图 3-1　屋顶光伏电站效果图

## 3.2 任务解析

### 3.2 Analysis of Task

　　家用光伏发电系统由光伏阵列、控制器、蓄电池、逆变器和交流负载等构成，如图 3-2 所示。该系统在一定范围内自成独立体系，通常输出电压为交流 220 V。对于家用光伏发电系统的设计，主要是根据用电设备，计算光伏阵列容量、蓄电池容量和配套电气设备的选型。用电设备主要是指家庭电器，如节能灯、电视机、电冰箱等。有些用电设备有固定耗电规律，如节能灯等；有些用电设备则没有规律，如电冰箱等；因此设计时需要对用电设备进行细致的了解。用电设备、用途、工作时间不同，对电源可靠性的要求也不相同。客户计划装机规模、投资额度、资金来源、安装现场周围环境、安装面积、有否遮挡物以及负载功率、供电方式、使用要求等情况，是进行方案设计和实施时必须考虑的要素。

图 3-2　家用系统结构框图

## 3.3　光伏阵列

3.3　Solar Array

　　光伏阵列又名太阳能电池方阵(Solar Array 或 PV Array)，是为满足高电压、大功率的发电要求，由若干个太阳电池组件通过串、并联连接，并通过一定的机械方式固定组合在一起的，如图 3-3 所示。

图 3-3　光伏阵列

### 3.3.1　光伏阵列的定义

3.3.1　Definition of Solar Array

　　工程上使用的光伏组件是太阳能电池使用的基本单元，其输出电压和电流有限，有时需要把太阳能光伏组件串联或并联以得到更高的电压和更大的电流。性能相一致的太阳能光伏组件串联时，电压增加，电流不变；性能相一致的太阳能光伏组件并联时，电流增加，电压不变。在实际光伏发电系统中，根据需要将若干个光伏组件串联、并联连接而排列成阵列，这种阵列称为太阳能电池方阵(或光伏阵列)，如图 3-4 所示，该阵列由 $L \times M$ 个太阳能光伏组件构成。

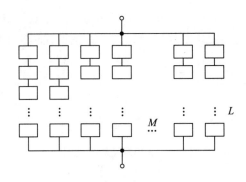

图 3-4    太阳能光伏阵列示意图

光伏组件串联数目应根据其最大功率点电压与负载运行电压相匹配的原则来设计。一般是先根据所需电压高低用光伏组件串联构成若干串，再根据所需电流容量进行并联。工程应用中，太阳能电池方阵可由若干个单元方阵列组成，单元方阵列由多个光伏组件串并联组成，称为子阵列。

### 3.3.2   热斑效应和光伏阵列中的二极管
### 3.3.2   Hot Spot Effect and Diode in Solar Array

3-1    光伏组件热斑效应

**1．太阳能电池组件的热斑效应**

当太阳能电池组件或某一部分被鸟类、树叶、阴影覆盖的时候，被覆盖部分不仅不能发电，还会被当作负载消耗其他有光照的太阳能电池组件的能量，引起局部发热，这就是"热斑效应"(见图 3-5)。这种效应对太阳能电池会造成破坏，严重的可能会使焊点熔化、封装材料破坏，甚至会使整个组件失效。产生热斑效应的原因除了以上情况外，还有个别质量不好的电池片混入电池组件、电极焊片虚焊、电池片隐裂或破损、电池片性能变坏等因素，需要引起注意。

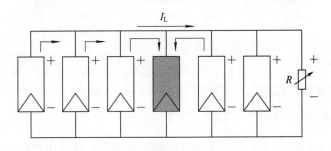

图 3-5    电池组件的热斑效应

**2．旁路二极管和反充(防逆流)二极管**

在太阳能电池方阵中，二极管是很重要的器件，常用的二极管基本都是硅整流二极管，在选用时要注意规格参数留有余量,防止击穿损坏。一般反向峰值击穿电压和最大工作电流都要取最大运行工作电压和工作电流的 2 倍以上。

1) 旁路二极管

当有较多的太阳能电池组件串联组成电池方阵或电池方阵的一个支路时,需要在每块电池板的正、负极输出端反向并联 1 个(或 2、3 个)二极管,这个并联在组件两端的二极管就叫旁路二极管。

旁路二极管的作用是防止方阵串中的某个组件或组件中的某一部分被阴影遮挡或出现故障停止发电时,在该组件旁路二极管两端会形成正向偏压使二极管导通,组件串工作电流绕过故障组件,经二极管旁路流过,不影响其他正常组件的发电,同时也保护旁路组件,避免受到较高的正向偏压或由于"热斑效应"发热而损坏。

旁路二极管一般都直接安装在组件接线盒内,根据组件功率大小和电池片串的多少,安装 1～3 个二极管,如图 3-6 所示。

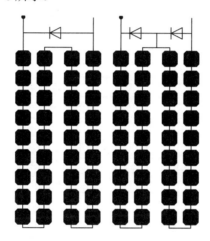

图 3-6　旁路二极管接法示意图

也不是任何场合都需要旁路二极管的,当组件单独使用或并联使用时,是不需要接二极管的。对于组件串联数量不多且工作环境较好的场合,也可以考虑不用旁路二极管。

2) 防反充(防逆流)二极管

防反充二极管的作用之一是防止太阳能电池组件或方阵不发电时,蓄电池的电流反过来向组件或方阵倒送,不仅消耗能量,而且会使组件或方阵发热甚至损坏;作用之二是在电池方阵中,防止方阵各支路之间的电流倒送。这是因为串联各支路的输出电压不可能绝对相等,各支路电压总有高低之差,或者某一支路因为故障、阴影遮蔽等使该支路的输出电压降低,高电压支路的电流就会流向低电压支路,甚至会使方阵总体输出电压降低。在各支路中串联接入防反充二极管就可避免这一现象的发生。

### 3.3.3　光伏阵列电路

### 3.3.3　Solar Array Circuit

光伏阵列的基本电路由太阳能电池组件串、旁路二极管、防反充二极管和带避雷器的直流接线箱等构成，常见电路形式有并联方阵电路，串联方阵电路和串、并联混合方阵电路，如图 3-7 所示。

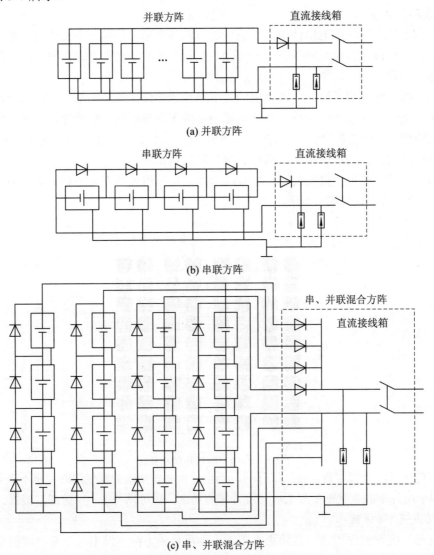

(a) 并联方阵

(b) 串联方阵

(c) 串、并联混合方阵

图 3-7 光伏阵列基本电路示意图

在光伏阵列中，电池组件的串联不改变输出电流，可以使阵列输出电压成比例的增加；而电池组件的并联，不改变输出电压，可以使阵列的输出电流成比例的增加；串、并联混合连接时，既可以增加阵列的输出电压，又可以增加阵列的输出电流。但是，组成阵列的所有电池组件性能参数不可能完全一致，所有的连接电缆、插头和插座接触电阻也不相同，于是会造成各串联电池组件的工作电流受限于其中电流最小的组件；而各并联电池组件的输出电压又会被其中电压最低的电池组件钳制。因此阵列组合会产生组合连接损失，使阵列的总效率总是低于所有单个组件的效率之和。

组合连接损失的大小取决于电池组件性能参数的离散性，因此，除了在电池组件的生产工艺过程中，尽量使电池组件性能参数一致外，还可以对电池组件进行测试、筛选、组合，即把特性相近的电池组件组合在一起。例如，串联组合的各组件工作电流要尽量相近，每串与每串的总工作电压也要考虑搭配得尽量相近，最大幅度地减少组合连接损失。因此，光伏阵列组合连接要遵循下列几条原则：

(1) 串联时需要工作电流相同的组件，并为每个组件并接旁路二极管；

(2) 并联时需要工作电压相同的组件，并在每一条并联线路中串联防反充二极管；

(3) 尽量考虑组件连接线路最短，并用较粗的导线；

(4) 严格防止个别性能变坏的电池组件混入电池方阵。

## 3.4　离网逆变器

3.4 Off-grid Inverter

在电力电子上，把直流电能变换成交流电能的过程称为逆变，它是整流的逆过程。把完成逆变功能的电路称为逆变电路，把实现逆变过程的装置称为逆变设备或逆变器。在我国，通用的各种家用电器和其他用电设备大多采用 220 V/50 Hz 的交流电供电，为了方便用户直接使用这些电器和设备，在功率稍大一些的家用太阳能光伏电源系统和风光互补系统中，都需要配置逆变设备，把蓄电池的直流电变换成交流电。逆变器还具有自动稳压功能，可改善光伏发电系统的供电质量。另外，相对于蓄电池直接提供的 12 V、24 V 或 48 V 低压直流电，220 V 输出的交流电也可以提供更大的供电半径。常见逆变器如图 3-8 所示。

图 3-8　常见逆变器

### 3.4.1　基本工作原理

3.4.1　Basic Working Principles

3-2　逆变器原理

以单相桥式逆变电路为例说明逆变器最基本的工作原理。单相桥式逆变电路的基本结构如图 3-9(a)所示，$VT_1 \sim VT_4$ 是桥式电路的四个臂，由电力电子器件(功率半导体器件)及辅助电路组成。$U_d$ 为输入直流电压，$R$ 为逆变器的输出负载。工作原理如图 3-9(b)所示，设在 $0 \sim T/2$ 期间 $VT_1$、$VT_3$ 导通，$VT_2$、$VT_4$ 断开；在 $T/2 \sim T$ 期间 $VT_1$、$VT_3$ 断开，$VT_2$、$VT_4$ 导通。如此周期性重复上述过程，则在负载 $R$ 上得到一交流方波电压 $U_R$，从而实现了将直流电压 $U_d$ 变换成交流电压 $U_R$。$U_R$ 为方波，幅值为 $U_d$，频率为 $f = 1/T$，改变 $U_d$ 和 $T$ 的大小，就可以改变输出交流电压的大小和频率。实际应用中的逆变电路往往需要输出正弦波的交流电压(或电流),并希望逆变电路本身具有调节输出电压大小的能力,而不是通过调节 $U_d$ 来调节输出电压的大小。

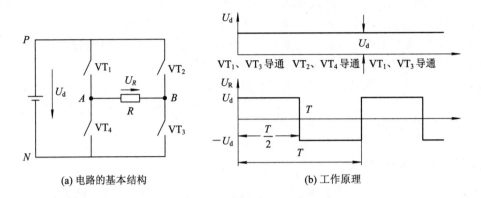

(a) 电路的基本结构　　　　　　　　　　(b) 工作原理

图 3-9　逆变电路原理及波形图

## 3.4.2　逆变器的分类
### 3.4.2　Classification of Inverter

逆变器按输出交流电压的相数可分为单相逆变器、三相逆变器和正弦波逆变器。单相逆变器主要用于中小型的 UPS 系统,三相逆变器主要应用于大中型的 UPS 系统,同时在大中型 UPS 中,为了消除方波电压的谐波分量,则采用正弦波逆变器。

逆变器按输出电能的去向,可分为有源逆变器和无源逆变器。将逆变电路的交流侧接到交流电网上,把直流电逆变成同频率的交流电反送到电网去,称为有源逆变器。有源逆变器主要应用于高压直流输电和太阳能发电等方面。将逆变器的交流侧不与电网连接,而是直接接到负载,即将直流电逆变成某一频率或可变频率的交流电供给负载称为无源逆变器。此类逆变器在交流电机变频调速、感应加热、不停电电源等方面应用十分广泛,是构成电力电子技术的重要内容。

逆变器按输出电压波形的不同,可分为方波逆变器、阶梯波逆变器和正弦波逆变器,输出波形如图 3-10 所示。方波和阶梯波逆变器一般都用在小功率场合。

方波逆变器输出的波形是方波,也叫矩形波,如图 3-10(a)所示。尽管方波逆变器所使用的电路不尽相同,但共同的优点是线路简单(使用的功率开关管数量最少)、价格便宜、维修方便,其设计功率一般在数百瓦到几千瓦之间。其缺点是调压范围窄、噪声较大,方波电压中含有大量高次谐波,带感性负载,如电动机等电器中将产生附加损耗,因此效率低、电磁干扰大。

阶梯波逆变器输出的交流电压波形为阶梯波,也叫修正波逆变器,如图 3-10(b)所示。阶梯波比方波波形有明显改善,波形类似于正弦波,波形中的高次谐波含量少,故可以带包括感性负载在内的各种负载。当采用无变压器输出时,整机效率高。其缺点是线路较为复杂,为把方波修正成阶梯波,需要多个不同的复杂电路产生的多种波形相互叠加、修正,这些电路使用的功率开关管也较多,电磁干扰严重。阶梯波形逆变器不能应用于并网发电的场合。

正弦波逆变器输出的交流电压波形为正弦波，如图 3-10(c)所示。正弦波逆变器的优点是输出波形好，失真度很低，对收音机及通信设备干扰小，噪声低；此外，保护功能齐全，整机效率高。其缺点是线路相对复杂，对维修技术要求高，价格较贵。

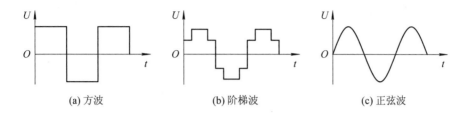

(a) 方波　　　　　　　　(b) 阶梯波　　　　　　　　(c) 正弦波

图 3-10　逆变器输出波形示意图

### 3.4.3　逆变器基本电路
### 3.4.3　Basic Circuit of Inverter

逆变器的核心是通过逆变电路完成逆变的功能。逆变电路的基本作用是在控制电路的控制下，将中间直流电路输出的直流电源转换为频率和电压都任意可调的交流电源。逆变电路主要由滤波器、逆变桥、单相变压器、继电器组成，如图 3-11 所示。

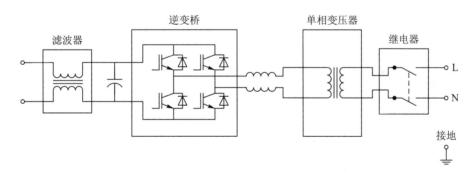

图 3-11　逆变电路组成

逆变器的基本电路可分为推挽式、半桥式和全桥式三种，虽然电路结构不同，但工作原理类似。电路中都使用具有开关特性的半导体功率器件，由控制电路周期性地对功率器件发出开关脉冲控制信号，控制各个功率器件轮流导通和关断，再经过变压器耦合升压或降压、整形滤波输出符合要求的交流电。

1) 推挽式逆变电路

如图 3-12 所示，推挽式逆变电路是由直流电源 $U_d$、输出变压器、功率开关器件 $VT_1$ 和 $VT_2$ 以及两个二极管 $VD_1$ 和 $VD_2$ 组成，两个一次绕组的匝数 $N_1 = N_2$。

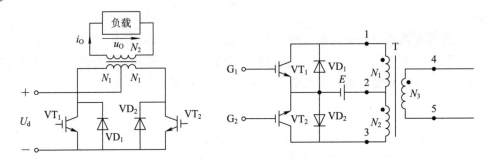

图 3-12　单相推挽式逆变电路

设功率开关器件 $VT_1$ 和 $VT_2$ 的栅极分别加上如图 3-13 所示的控制电压 $U_{G_1}$ 和 $U_{G_2}$，则在 $t_1 \sim t_2$ 期间，$VT_1$ 导通、$VT_2$ 截止。忽略 $VT_1$ 的管压降，则变压器一次侧的电压为 $U_{12} = -E$，变压器二次侧电压为 $U_{45} = -N_3 E / N_1$，$VT_2$ 承受的电压为 $2E$。$t_2$ 时刻，$VT_1$ 关断，一次绕组等效电感力图维持原电流不变，因而导致一次绕组的电压极性与 $VT_1$ 导通时相反，即 $N_1$ 绕组的"1"端为正而"2"端为负，$N_2$ 绕组的"2"端为正而"3"端为负。等效电感的能量通过 $VD_2$ 向直流电源 $E$ 反馈。

在 $t_3 \sim t_4$ 期间，$VT_1$ 截止而 $VT_2$ 导通。变压器一次绕组电压为 $U_{23} = U_{12} = E$，变压器的二次绕组电压为 $U_{45} = -N_3 E / N_2$，期间 $VT_1$ 承受的电压为 $2E$。$t_4$ 时刻，$VT_2$ 关断，一次绕组等效串联电感的能量通过 $VD_1$ 向直流电源 $E$ 反馈。

电路按此规律周而复始地工作，则可在变压器二次侧获得交变的输出电压，如图 3-13 所示，从而实现直流变交流的功能。

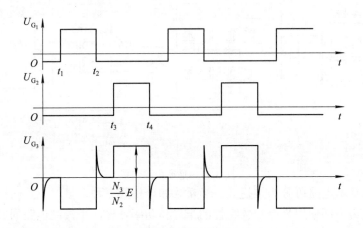

图 3-13　推挽式电路的控制电压及输出电压波形

2) 半桥式逆变电路

如图 3-14 所示，半桥式逆变电路由两个导电臂构成，每个导电臂由一个全控器件和一个反向并联二极管组成。在直流侧接有两个互相串联的足够大的电容 $C_1$ 和 $C_2$，且满足 $C_1 = C_2$。

一个周期内，电力晶体管 $VT_1$ 和 $VT_2$ 的基极信号各有半周正偏，半周反偏，且互补。输出电压 $U_O$ 是周期为 $T_s$ 的矩形波，其幅值为 $U_d/2$。当负载为电阻 $R$ 时，电流 $i_O = \dfrac{u_O}{R}$，

与 $u_O$ 一样，也是 180° 宽的方波。输出电压、电流波形如图 3-15 所示。

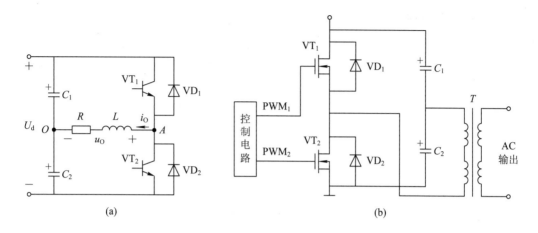

图 3-14 半桥式逆变电路原理图

当 $VT_1$ 或 $VT_2$ 导通时，负载电流与电压同方向，直流侧向负载提供能量；而当 $VD_1$ 或 $VD_2$ 导通时，负载电流和电压反方向，负载中电感的能量向直流侧反馈，即负载将其吸收的无功能量反馈回直流侧，返回的能量暂时储存在直流侧的电容器中，直流侧电容器起着缓冲这种无功能量的作用。

改变开关管的驱动信号的频率，输出电压的频率随之改变。为保证电路正常工作，$VT_1$ 和 $VT_2$ 两个开关管不能同时导通，否则将出现直流短路。实际应用中为避免上、下开关管直通，每个开关管的开通信号应略为滞后于另一开关管的关断信号，即"先断后通"。关断信号与开通信号之间的间隔时间称为死区时间，在死区时间中，$VT_1$ 和 $VT_2$ 均无驱动信号。

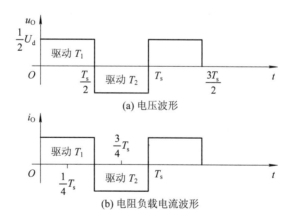

图 3-15 半桥式逆变电路的输出电压、电流波形

3) 全桥式逆变电路

如图 3-16 所示，单相全桥式逆变电路由直流电源 $U_d$，输出变压器 $T$，四个功率开关器件和二极管组成。$VT_1$ 和 $VT_4$ 构成一对桥臂，$VT_2$ 和 $VT_3$ 构成一对桥臂。$VT_1$、$VT_4$ 与 $VT_2$、$VT_3$ 的驱动信号互补，$U_{34}=-N_2E/N_1$，即 $T_1$ 和 $T_4$ 有驱动信号时，$T_2$ 和 $T_3$ 无驱动信号，反

之亦然，$VT_1$ 和 $VT_4$、$VT_2$ 和 $VT_3$ 各交替导通 $180°$。二极管 $VD_1$～$VD_4$ 是为感性负载续流的。如果在电路中不接入二极管，则在开关管关断瞬间，会因电感的作用使其两端呈现极高的电压尖峰，严重时会击穿开关管。

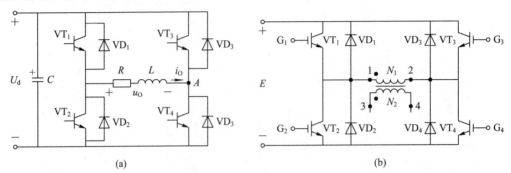

图 3-16　单相全桥式逆变电路

在如图 3-17 所示的 $t_1$～$t_2$ 时间段。$VT_1$ 和 $VT_4$ 导通，电流的流通路径为 $E^+$→$VT_1$→变压器一次侧→$VT_4$→$E^-$。忽略 $VT_1$ 和 $VT_4$ 导通后的管压降，则变压器一次电压为 $U_{12}=E$，变压器 T 的二次电压为 $U_{34}=E \cdot N_2/N_1$（$N_1$ 和 $N_2$ 分别为变压器 T 的一、二次匝数）。$VT_1$ 和 $VT_4$ 在 $t_2$ 时刻关断，此后四只功率开关器件均截止。至 $t_3$ 时刻，$VT_2$ 和 $VT_3$ 导通，电流经 $E^+$→$VT_3$→变压器一次侧→$VT_2$→$E^-$ 流动。忽略 $VT_2$ 和 $VT_3$ 的导通压降情况下，$U_{12}=-E$。$U_{34}=-N_2E/N_1$。$VT_2$ 和 $VT_3$ 在 $t_4$ 时刻关断。若电路按上述方式周而复始地工作，则可在变压器二次侧获得交变电压，从而实现直流变交流的功能。

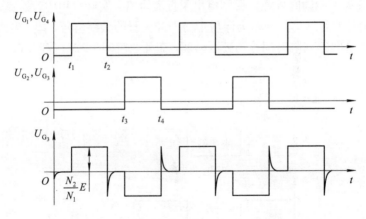

图 3-17　全桥式逆变电路的电压、电流波形

如图 3-17 所示控制电压及输出电压的波形中，$t_2$ 时刻所对应输出电压的反向尖峰电压是等效串联电感通过二极管释放能量所致。

## 3.4.4　逆变器主要技术参数

### 3.4.4　Main Technical Parameters of Inverter

**1. 额定输出电压**

光伏逆变器在规定的输入直流电压允许的波动范围内，应能输出额定的电压值，一般在额定输出电压为单相 220 V 和三相 380 V 时，电压波动偏差规定如下：

　　(1) 在稳定状态运行时，一般要求电压波动偏差不超过额定值的 ±5%。

　　(2) 在负载突变时，电压偏差不超过额定值的 ±10%。

　　(3) 在正常工作条件下，逆变器输出的三相电压不平衡度不应超过 8%。

　　(4) 输出的电压波形(正弦波)失真度一般要求不超过 5%。

### 2．负载功率因数

负载功率因数大小表示逆变器带感性负载的能力，在正弦波条件下负载功率因数为 0.7～0.9。

### 3．额定输出电流和额定输出容量

额定输出电流是表示在规定的负载功率因数范围内逆变器的额定输出电流，单位为 A；额定输出容量是指当输出功率因数为 1(即纯电阻性负载)时，逆变器额定输出电压和额定输出电流的乘积，单位是 kV·A 或 kW。

### 4．额定输出效率

额定输出效率是指在规定的工作条件下，输出功率与输入功率之比，通常应在 70% 以上。逆变器的效率会随着负载的大小而改变，当负载率低于 20% 和高于 80% 时，效率要低一些。标准规定逆变器的输出功率在大于等于额定功率的 75% 时，效率应大于等于 80%。

### 5．过载能力

过载能力是要求逆变器在特定的输出功率条件下能持续工作一定的时间，其标准规定如下：

　　(1) 输入电压与输出功率为额定值时，逆变器应连续可靠工作 4 h 以上；

　　(2) 输入电压与输出功率为额定值的 125% 时，逆变器应连续可靠工作 1 min 以上；

　　(3) 输入电压与输出功率为额定值的 150% 时，逆变器应连续可靠工作 10 s 以上。

### 6．额定直流输入电压

额定直流输入电压是指光伏发电系统中输入逆变器的直流电压，小功率逆变器输入电压一般为 12 V 和 24 V，中、大功率逆变器电压有 24 V、48 V、110 V、220 V 和 500 V 等。

### 7．额定直流输入电流

额定直流输入电流是指太阳能光伏发电系统为逆变器提供的额定直流工作电流。

### 8．直流电压输入范围

光伏逆变器直流输入电压允许在额定直流输入电压的 90%～120% 范围内变化，而不影响输出电压的变化。

### 9．电磁干扰和噪声

逆变器中的开关电路极容易产生电磁干扰，在铁芯变压器上因振动而产生噪声。因而在设计和制造中都必须控制电磁干扰和噪声指标，使之满足有关标准和用户的要求。其噪声要求是：当输入电压为额定值时，在设备高度的 1/2、正面距离为 3 m 处用声级计分别测量 50% 定负载和满载时的噪声应小于等于 65 dB。

### 10．保护功能

太阳能光伏发电系统应该具有较高的可靠性和安全性，作为光伏发电系统重要组成部分的逆变器应具有如下保护功能：

(1) 欠压保护。当输入电压低于规定的欠压断开值时，逆变器应能自动关机保护。

(2) 过电流保护。当工作电流超过额定值的150%时，逆变器应能自动保护。在电流恢复正常后，设备又能正常工作。

(3) 短路保护。当逆变器输出短路时，应具有短路保护措施。短路排除后，设备应能正常工作。

(4) 极性反接保护。逆变器的正极输入端与负极输入端反接时，逆变器应能自动保护。待极性正接后，设备应能正常工作。

(5) 雷电保护。逆变器应具有雷电保护功能，其防雷器件的技术指标应能保证吸收预期的冲击能量。

### 11．安全性能要求

(1) 绝缘电阻。逆变器直流输入与机壳间的绝缘电阻应大于等于 50 MΩ，逆变器交流输出与机壳间的绝缘电阻应大于等于 50 MΩ。

(2) 绝缘强度。逆变器的直流输入与机壳间应能承受频率为 50 Hz、正弦波交流电压为 500 V、历时 1 min 的绝缘强度试验，无击穿或飞弧现象。逆变器交流输出与机壳间应能承受频率为 50 Hz、正弦波交流电压为 1500 V、历时 1 min 的绝缘强度试验，无击穿或飞弧现象。

某型号逆变器参数如表 3-1 所示。

表 3-1　逆变器参数

| 型号 | | CPPV-N0600SB |
|---|---|---|
| 标称容量 | | 600 V·A/480 W |
| 直流输入 | 太阳能电压 | 24～50 V |
| | 太阳能电流 | 0.5～10 A |
| | 电池电压 | 24 V(DC)±15% |
| 输出电压 | | 220 V(AC)±2% |
| 输出频率 | | 50 Hz±0.5 Hz |
| 输出波形 | | 正弦波 |
| 总谐波失真 | | ≤3%线性负载；非线性负载<5% |
| 响应时间动态 | | <10 ms |
| 逆变器效率 | | ≥83%线性负载 |
| 过载能力 | | 120%过载 30 s |
| 工作温度 | | −10～50℃ |
| 冷却方式 | | 温控强制通风 |
| 相对湿度 | | 0%～90%不结露 |
| 指示功能 | LCD 显示 | 逆变输出电压、逆变器输出频率、电池电压值、负载量等 |
| | LED 指示 | 太阳能输入(绿)；太阳能充电(橙)；逆变器输出(绿)；电池供电(橙)；过载/故障(红) |
| 保护功能 | | 过载、短路、欠压、过压、过温 |
| 外型尺寸/mm 长×宽×高/mm³ | | 250×450×855 |
| 输入/输出装置 | | 接线端子排 |

# 3.5　支架系统

3.5 Bracket System

3-3　光伏组件跟踪支架的
分类及其优缺点

## 3.5.1　支架分类

3.5.1　Classification of Bracket System

光伏支架可以分为固定式、倾角可调式和自动跟踪式。自动跟踪支架可以分为单轴跟踪和双轴跟踪两种。其中单轴跟踪又可以细分为平单轴、斜单轴和方位角单轴跟踪三种。

### 1. 固定式支架

固定式支架安装完成后倾角和方位角不能调整。固定式支架的结构多样，较为常用的有桁架式、单排立柱、单立柱三种。

1) 桁架式固定支架

桁架式固定支架为前后立柱形式，支架的主要零部件有前立柱、后立柱、横梁、斜支撑、导轨和后支撑等，如图 3-18 所示。这些部件一般采用 C 形钢来制作。在某些场合，也有使用铝合金材料来制作导轨。

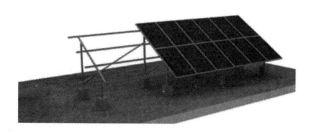

图 3-18　桁架式固定支架

桁架式固定支架受力形式明确、加工制作简单，适用于地形较为平坦的地区。

2) 单排立柱固定支架

单排立柱固定支架只有一排基础，节省土建工程量，对地表的扰动相对桁架式支架要小，因此在国外应用较多。这种支架的主要零部件有立柱、斜支撑、横梁和导轨等，如图 3-19 所示。其中，立柱可以采用 C 形钢、H 形钢或方钢管等材料，斜支撑、横梁和导轨可以采用 C 形钢等材料。由于只有单排基础，因此这种支架对地形的适应能力比桁架式固定支架强。

图 3-19　单排立柱固定支架

3) 单立柱固定支架

单立柱固定支架就是支架只有一个立柱。由于只有一个立柱，单套支架上可以布置的光伏组件数量通常较少。这种支架的主要零部件有立柱、纵梁、横梁和导轨等，如图3-20所示。其中立柱可采用预制水泥管桩，管桩顶部留有预埋件；纵梁和横梁由于悬挑较多，一般采用方钢管；导轨采用 C 形钢或铝合金。这种支架主要用于地下水位较高的沿海滩涂地区，支架立柱采用打桩机打入，施工速度较快。

图 3-20　单立柱固定支架

## 2. 倾角可调式支架

固定式支架的倾角是不可调节的，而倾角可调式支架的倾角则可以手动调节。为了使倾角可以调节，支架一般围绕某个轴旋转，旋转到某个预定的角度时，用螺栓等零件固定起来，如图3-21所示。倾角可调支架一般按季度调节，倾角一般设为三挡，最大倾角按冬季(11～次年 1 月)接收到的总辐射量最大来确定，中间倾角按春季(2～4 月)和秋季(8～10月)接收到的总辐射量最大来确定，最小倾角则按夏季(5～7 月)接收到的总辐射量最大来确定。倾角可调式支架一般为单排立柱结构，为了便于倾角调整，单个支架可安装的光伏组件数量不能太多，通常安装的组件数量正好构成一个组串。

图 3-21　倾角可调式支架

## 3. 跟踪式支架

跟踪式支架分为单轴跟踪支架和双轴跟踪支架。

1) 单轴跟踪支架

单轴跟踪支架又分为平单轴跟踪支架、斜单轴跟踪支架和方位角单轴跟踪支架。

平单轴跟踪支架是指支架围绕一根水平方向的轴跟踪太阳旋转，这个水平的轴可以是南北方向也可以是东西方向。轴向为南北方向时的发电量较高，因此平单轴跟踪支架的轴一般为南北方向。这种支架的最大特点是采用连杆将若干排支架连接起来，用单个电动推杆推动若干排支架同步旋转，如图 3-22 所示。

图 3-22　平单轴跟踪支架

斜单轴跟踪支架是指一种围绕一根南北向倾斜的轴旋转跟踪太阳的支架，如图 3-23 所示。在中高纬度地区，与平单轴跟踪系统相比，斜单轴跟踪系统的发电量有较大幅度的提高。当然，由于旋转轴呈倾斜状态，斜单轴跟踪支架的造价也高于平单轴支架。斜单轴跟踪支架一般采用三点式支撑结构，具体的传动结构和控制方法也有很多种。

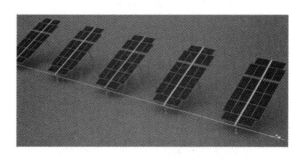

图 3-23　斜单轴跟踪支架

方位角单轴跟踪支架可以看成是将一个固定式支架安装在一个旋转的基座上构成的，如图 3-24 所示。这种支架在跟踪时，方阵面与水平面的夹角保持不变，变化的是方阵面的方位角。

图 3-24　方位角单轴跟踪支架

### 2) 双轴跟踪支架

双轴跟踪支架可以看成是一个倾角可以自动调节的支架安装在一个旋转的基座上,如图 3-25 所示。所谓双轴,就是指支架可以沿 2 个独立的轴旋转,一般一个轴可以使支架的方位角自由旋转,另一个轴可以使支架的倾角自由旋转。这样,双轴跟踪支架始终可以保持与太阳光线垂直,是所有跟踪支架中发电量最高的。

图 3-25   双轴跟踪支架

## 3.5.2   安装角度设计

### 3.5.2   Installation Angle Design

太阳电池组件的方位角与倾斜角选定是太阳能光伏系统设计时最重要的因素之一。

#### 1. 太阳电池组件(方阵)的方位角

太阳电池的方位角一般都选择正南方向,以使太阳电池单位容量的发电量最大。如果受太阳电池设置场所如屋顶、土坡、山地、建筑物结构及阴影等的限制时,则应考虑与它们的方位角一致,以求充分利用现有的地形和有效面积,并尽量避开周围建、构筑物或树木等产生的阴影。只要在正南 ±20° 之内,都不会对发电量有太大影响,条件允许的话,应尽可能偏西南 20° 之内,使太阳能发电量的峰值出现在中午稍过后某时,这样有利冬季多发电。有些太阳能光伏建筑一体化发电系统,当设计时,当正南方向太阳电池铺设面积不够大时,也可将太阳电池铺设在正东、正西方向。

#### 2. 太阳电池组件(方阵)的倾斜角

倾斜角是地平面(水平面)与太阳电池组件之间的夹角。倾斜角为 0° 时表示太阳电池组件为水平设置,倾斜角为 90° 时表示太阳电池组件为垂直设置。

太阳电池最理想的倾斜角是使太阳电池年发电量尽可能大,而冬季和夏季发电量差异尽可能小时的倾斜角。一般取当地纬度或当地纬度加上几度作为当地太阳电池组件安装的倾斜角。当然如果能够采用计算机辅助设计软件,可以进行太阳能倾斜角的优化计算,使两者能够兼顾就更好了,这对于高纬度地区尤为重要。高纬度地区的冬季和夏季水平面太阳辐射量差异非常大,例如我国黑龙江省相差约 5 倍。如果按照水平面辐射量参数进行设计,则蓄电池冬季存储量过大,造成蓄电池的设计容量和投资都加大。选择了最佳倾斜角,太阳电池面上冬季和夏季辐射量之差变小，蓄电池的容量也可以减少，使系统造价降低。

如果没有条件对倾斜角进行计算机优化设计，也可以根据当地纬度粗略确定太阳电池的倾斜角：

纬度为 0°～25° 时，倾斜角等于纬度；

纬度为 26°～40° 时，倾斜角等于纬度加上 5°～10°；

纬度为 41°～55° 时，倾斜角等于纬度加上 10°～15°；

纬度为 55° 以上时，倾斜角等于纬度加上 15°～20°。

但不同类型的太阳能光伏发电系统，其最佳安装倾斜角是有所不同的。例如光控太阳能路灯照明系统等季节性负载供电的光伏发电系统，这类负载的工作时间随着季节而变化，其特点是以自然光线来决定负载每天工作时间的长短。冬天日照时间短，太阳能辐射能量小，而夜间负载工作时间长，耗电量大。

因此系统设计时要考虑照顾冬天，按冬天时能得到最大发电量的倾斜角确定，其倾斜角应该比当地纬度的角度大一些。而对于主要为光伏水泵、制冷空调等夏季负载供电的光伏系统，则应考虑为夏季负载提供最大发电量，其倾斜角应该比当地纬度的角度小一些。

### 3.5.3　支架的安装方式
### 3.5.3　Installation Mode of Bracket

#### 1. 屋顶类支架的安装

屋顶类支架的安装要根据不同的屋顶结构分别进行设计，对于斜面屋顶可设计与屋顶斜面平行的支架，支架的高度离屋顶面 10 cm 左右，以利于太阳能电池组件的通风散热，也可以根据最佳倾斜角角度设计成前低后高的支架，以满足电池组件的太阳能最大接收量。平面屋顶一般要设计成三角形支架，支架倾斜面角度为太阳电池的最佳接收倾斜角，三种支架设计示意图如图 3-26 所示。

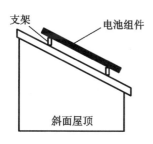

图 3-26　屋顶类支架设计示意图

如果在屋顶采用混凝土水泥基础固定支架的方式，则需要将屋顶的防水层揭开一部分，抠开混凝土表面，最好找到屋顶混凝土中的钢筋，然后和基础中的预埋件螺栓焊接在一起。不能焊接钢筋时，也要使做基础部分的屋顶表面凹凸不平，增加屋顶表面与混凝土基础的附着力，然后对屋顶防水层破坏部分做二次防水处理。

对于不能做混凝土基础的屋顶，一般都直接用角钢支架固定电池组件，支架的固定就需要采用钢丝绳(或铁丝)拉紧法、支架延长固定法等，如图 3-27 所示。三角形支架的电池组件的下边缘离屋顶面的间隙要大于 15 cm 以上，以防下雨时屋顶面泥水溅到电池组件玻璃表面，使组件玻璃脏污。

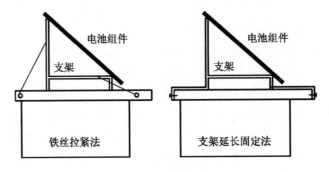

图 3-27　支架在屋顶的固定方法

　　屋顶组件支架的制作材料可以用角钢焊接，也可选择定制组件固定专用钢制冲压结构件。图 3-28 是用角钢制作的三角形组件支架实体图。图 3-29 是屋顶用钢制冲压结构件固定电池组件的实物图。

图 3-28　三角形组件支架实体图　　　　　　图 3-29　冲压结构件实物图

### 2. 地面方阵支架的安装

　　地面用光伏方阵支架安装方式可采用固定式、可调式和自动跟踪式等。地面安装的方阵支架宜采用钢结构，要有足够的强度，满足光伏方阵静载荷(如积雪重量)和动载荷(如台风)的要求，保证方阵安装安全、牢固、可靠。支架应保证组件与支架连接牢固可靠，支架与基础连接牢固，要能抵抗 120 km/h(33.3 m/s)的风力而不被破坏。组件下边缘离地面距离最小不低于 0.5 m。方阵支架应保证可靠接地，钢结构件应经过防锈涂镀处理，以满足长期野外使用的要求，使用的紧固件应采用不锈钢件或经过表面处理的金属件。

　　固定式支架一般都是用角钢和槽钢制作的三角形支架，其底座是水泥混凝土基础，方阵组件排列有横向排列和纵向排列两种方式。横向排列一般每列放置 3～5 块电池组件，纵向排列每列放置 2～4 块电池组件。支架具体尺寸要根据所选用的电池组件规格尺寸和排列方式确定。图 3-30 为光伏阵列地面固定安装实例。

图 3-30　光伏阵列地面固定安装实例

### 3．支架间距设计

在设计屋顶和地面支架时，还要考虑前后支架之间阴影的遮挡。当几组太阳电池方阵需要前后放置时，如果前后两组方阵之间的距离太小，前边的太阳电池方阵的阴影会把后面的太阳电池方阵部分遮挡。因此，设计时要计算前后方阵之间的合理距离。

假设光伏阵列的上边缘高度为 $l_1$，其南北方向的阴影长度为 $l_2$，太阳高度角为 $a$，方位角为 $b$ 时，阴影的倍率为 $r = l_2/l_1 = \cot a \times \cos b$，这个倍率最好按冬至那天的数据进行计算，因为冬至这一天的阴影最长。例如，光伏阵列的上边缘高度为 $h_1$，下边缘高度为 $h_2$，则阵列之间的距离 $m = (h_1 + h_2) \times r$。

当纬度较高时，光伏阵列之间的距离应加大，相应地安装场所的面积也会增加。对于有防积雪措施的光伏阵列来说，其倾斜角度大，因此光伏阵列的高度增加，为避免阴影的影响，相应地也会使光伏阵列之间的距离加大。通常在排布光伏阵列时，为减少光伏阵列占地面积或可用面积有限时，可分别选取每个电池方阵中电池组件的拼装组合数量使其高度尺寸成阶梯形，如图 3-31 所示，也可以考虑电池方阵基础制作成阶梯形。

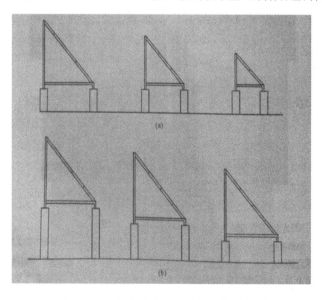

图 3-31　太阳电池方阵阶梯形安装示意图

## 3.6    任务实施

### 3.6.1    系统方案设计

在设计光伏发电系统时，应当根据负载的要求和当地太阳能资源及气象地理条件，综合考虑各种因素和技术条件。在充分满足用户负载用电需要的条件下，尽量减少太阳电池和蓄电池的容量，以达到系统可靠性和经济性的最佳结合。家用光伏发电系统设计思路如图 3-32 所示。

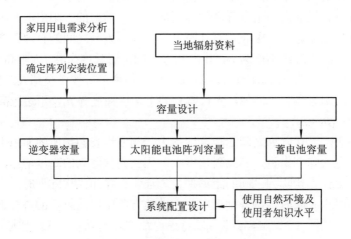

图 3-32    家用光伏发电系统设计思路

### 3.6.2    设计依据与基本原则

**1. 设计依据**

进行系统设计必须依据相关国家标准。通常涉及的标准有：

GB/T 19064—2003《家用太阳能光伏电源系统技术条件和试验方法》

GB 50207—2002《屋面工程质量验收规范》

GB 50205—2001《钢结构工程施工质量验收规范》

GB 50212—2002《建筑防腐蚀工程施工及验收规范》

GB 50224—1995《建筑防腐蚀工程质量检验评定标准》

**2. 系统设计基本原则**

1) 满足用户使用要求原则

家用太阳能光伏电源系统的设计要符合不同地区、不同用户群体的实际状况，满足使用要求。

2) 高可靠性原则

家用光伏发电系统多用于偏远地区，交通不便，售后服务很难到位，大多数情况下极其微小的系统故障都很难排除，这就需要系统具有很高的可靠性，牢固耐用。

3) 经济实用性原则

在满足技术要求和兼顾美观大方的前提下，选用经济耐用的技术方案，完成设计。

4) 满足气候要求原则

家用光伏发电系统的使用地区一般气候较为恶劣，如有些地区紫外线辐射强、冬季环境温度低，有些地区有比较强的盐雾腐蚀等，设计时要充分考虑这些因素。

### 3.6.3　光伏组件的选型与阵列容量计算

3.6.3　Selection of Module and Calculation of Array Capacity

**1. 用电需求分析**

在设计太阳能光伏发电系统和进行系统设备的配置、选型之前，要充分了解用电负载的特性。通常需要确定负载是单相电还是三相电，是直流电还是交流电，负载总功率、用电同时率、工作时间，负载是感性还是阻性。根据负载特性可将负载分为如图 3-33 所示的四种类型。

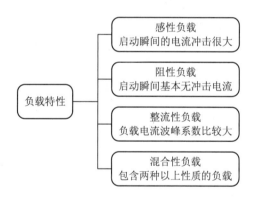

图 3-33　负载特性分类

(1) 感性负载启动瞬间的电流冲击很大。变压器、电动机、压缩机、洗衣机、空调、电冰箱、空压机、电风扇等带电机设备都属于感性负载。直接启动时，冲击电流为额定电流的 5~7 倍，用 Y-△ 启动时的冲击电流为额定电流的 3~4 倍。所谓星三角启动，是为了降低电机启动时冲击电流的一种降压启动方式。

(2) 阻性负载启动瞬间基本无冲击电流。电炉丝、白炽灯、热敏电阻等发热设备都属于阻性负载。

(3) 整流性负载电流波峰系数比较大，如电子镇流器。对于这类负载，冲击电流为额定电流的 5 倍。

(4) 负载里可能包含两种或两种以上性质的负载称为混合性负载。

因此，在容量设计和设备选型时，往往都要留下合理余量。

当太阳能发电系统要为多路不同的负载供电时，就需要先把各路负载的日耗电量计算出来并合计出总耗电量，然后以当地峰值日照时数为参数进行计算。统计总耗电量时要对临时负荷的接入及预期负荷的增长有预测，留出5%～10%的余量。表3-2为本项目中的家用电器耗电统计，负载中包括感性负载和阻性负载。

表3-2　家用电器耗电情况统计

| 电器名称 | 功率/W | 工作时长/h | 数量 | 用电量/(W·h) |
|---|---|---|---|---|
| 冰箱 | 150 | 5 | 1台 | 750 |
| 电视 | 150 | 3 | 1台 | 450 |
| 空调 | 1200 | 3 | 2台 | 2000 |
| 节能灯 | 15 | 2 | 5盏 | 150 |
| 热水器 | 1500 | 1 | 1台 | 1000 |
| 电饭煲 | 650 | 1 | 1台 | 650 |
| 电脑 | 300 | 4 | 1台 | 1200 |
| 合计 | | | | 6200 |

**2. 当地气象地理条件**

设计之前，不论是光伏并网发电系统，还是光伏离网发电系统，最基本的工作就是从以下三个方面了解光伏发电系统设计时必须要用到的相关数据。

(1) 查阅当地10年来气象统计资料的平均数据，了解当地太阳辐照量、纬度、最长阴雨天数、温度、海拔等。太阳辐照量用来计算系统的发电量；纬度用来计算方阵的最佳倾角和方阵的前后间距；最长阴雨天数可以计算离网系统储能装置的容量；温度、海拔有利于分析系统的效率。

(2) 了解光伏阵列安装区域的采光情况，确保电池组件采光无遮挡，或尽量保证上午9:00到下午15:00之间无遮挡。

(3) 了解当地雷电情况，以便进行防雷系统初步设计，提交当地电力设计部门或气象部门参考，出具防雷系统设计方案。

本项目地点是山西省太原市。太原市位于山西省境中央，太原盆地的北端，于华北地区黄河流域中部，地理位置处于东经111°30′～113°09′，北纬37°27′～38°25′。太原市属温带季风性气候，年平均降雨量为456毫米，年平均气温为9.5℃，一月份最冷，平均气温为6.8℃；7月份最热，平均气温为23.5℃。全年日照时数为2808小时，属于太阳能资源较丰富的区域。

**3. 阵列安装位置的设计**

目前阵列安装位置有在地面上和屋顶上两种，由于一般发电量不大，屋顶的面积可满足用户的要求，同时满足节约用地的需求，屋顶式安装的家用太阳能光伏发电系统的发展方向。住宅用的屋顶有山墙屋顶、四坡屋顶等多种，如图3-34所示。

项目中，用户将光伏电站建在屋顶上，屋顶为平面屋顶。

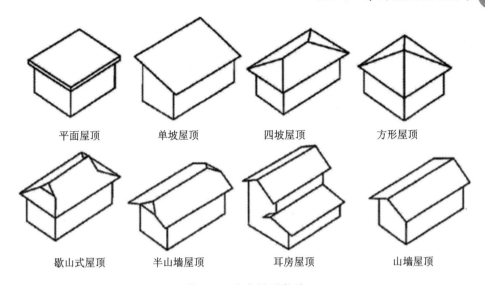

平面屋顶　　单坡屋顶　　四坡屋顶　　方形屋顶

歇山式屋顶　　半山墙屋顶　　耳房屋顶　　山墙屋顶

图 3-34　住宅屋顶类型

### 4．光伏阵列容量计算

对于家庭电站，采用一种以峰值日照时数为依据的多路负载计算方法。

#### 1) 系统电压确定

在离网(独立)光伏发电系统中，系统电压的选择应根据负载的要求而定。负载电压要求越高，系统电压也应尽量较高。当系统中没有 12 V 直流负载时，系统电压最好选择 24 V、48 V 或以上，这样可以使系统直流电路部分的电流变小。系统电压越高，系统电流就越小，从而可以使系统及线路损耗变小。项目中用户的用电负载没有 12 V 直流负载，根据以上原则，较高的系统电压可以使直流电路的电流较小，减少损耗，因此设计本系统电压为 48 V。

#### 2) 电池方阵功率计算

(1) 根据总耗电量，利用公式计算出太阳能电池组件(方阵)需要提供的发电电流。

$$方阵发电电流(A) = \frac{负载日耗电量(W \cdot h)}{系统直流电压 \times 峰值日照时数(h) \times 系统效率}$$

系统效率系数包括蓄电池的充电效率，一般取 0.9；交流逆变器的转换效率，一般取 0.85；太阳电池组件功率衰降、线路损耗、尘埃遮挡等的综合系数，一般取 0.9。这些系数可以根据实际情况进行调整。

(2) 根据太阳电池组件(方阵)的发电电流，用下列公式计算其总功率：

$$电池方阵总功率 \, P = 方阵发电电流 \times 系统直流电压 \times 系数 1.43$$

式中，系数 1.43 是太阳电池组件峰值工作电压与系统工作电压的比值。例如，为 12 V 系统工作电压充电的太阳电池组件的峰值电压为 17～17.5 V，为 24 V 系统工作电压充电的峰值电压为 24 V × 1.43 = 34.32 V(项目一中介绍过蓄电池和充电电压的关系)。太阳电池组件功率 = 组件峰值电流 × 组件峰值电压，因此为方便计算，用系统工作电压乘以 1.43 就是该组件或整个方阵的峰值电压近似值。

根据表 3-2 统计的日耗电量，考虑增加 5%的预期负载余量，并确定使用系统工作电压为 48 V 的逆变器，查询太原市峰值日照时数，按照 4.83 小时计算，代入公式计算如下：

方阵发电电流 $I$:

$$I = \frac{6200 \times 1.05}{48 \times 4.83 \times 0.9 \times 0.85 \times 0.9} = 40.78 \text{ A}$$

计算太阳能电池方阵的总功率 $P$:

$$P = 40.78 \times 48 \times 1.43 = 2799.14 \text{ W}$$

**3) 组件选型与阵列确定**

家用太阳能光伏系统的使用环境和群体有很大的差异,在不同地区使用家用太阳能光伏电源系统,太阳电池组件选用也有很大的差异。在我国广大牧区,太阳辐射强,用户大多以游牧为主,适于使用晶体硅太阳能电池组件,非晶硅太阳电池组件体积大且容易破碎,最好不选用非晶硅产品。然而在四川等地,日照强度低,散射辐射占的成分较多,加之价格便宜的优势,可考虑选用非晶硅太阳能电池组件。

本项目地点在太原市,不存在以上两个地区的特点,但是需要兼顾转换效率和设计成本等因素。考虑到多晶硅电池相对于晶体硅电池具有成本低、转换效率相当等特点,而非晶硅电池成本低,但是效率较低,同等发电功率方阵则需占用较大面积,本项目中家用光伏电站需要占用屋顶面积,因此选择多晶硅电池组件,其参数如表 3-3 所示。

**表 3-3　多晶硅电池组件参数**

| 参数名 | 参数值 | 参数名 | 参数值 |
|---|---|---|---|
| 峰值功率 | 300 W | 峰值电压 | 36 V |
| 开路电压 | 43.2 V | 峰值电流 | 8.33 A |
| 短路电流 | 9.17 A | 最大系统电压 | 1000VDC(IEC)/600V DC(UL) |

系统工作电压确定为 48 V,系统的组件串联数=系统工作电压× 1.43/组件的峰值电压。因此选择两块组件串联,得到每串组件电压为 72 V,功率为 600 W。

系统的组件并联数=系统总功率/每串组件功率,代入计算得到 2799.14W /600 W = 4.67,所以并联数目应该选择为 5 个。

实际系统总功率 = 并联数目×串联数目×单块电池组件功率,计算得到 5 × 2 × 300 = 3000 W。系统配置为 300 W 多晶硅组件 10 块,光伏方阵容量为 3 kW。

## 3.6.4　蓄电池的选型与计算
### 3.6.4　Selection and Calculation of Storage Battery

**1. 蓄电池容量设计**

蓄电池容量的设计思想是保证在太阳光照连续低于平均值的情况下负载仍可以正常工作。在蓄电池容量设计时需要引入一个不可缺少的参数——自给天数,即系统在没有任何外来电源的情况下负载能够保证正常工作的天数。这个参数对蓄电池容量大小起决定性作用。一般来说,自给天数的确定与两个因素有关:① 负载对电源的要求;② 安装地点的最大连续阴雨天数。一般情况下,可以将安装地点的最大连续阴雨天数作为系统设计的自给天数。对于负载对电源要求不是很严格的光伏发电系统,在设计中常取最大连续阴雨天数为 3~5 天；对于负载对电源要求很严格的光伏发电系统，在设计中常取最大连续阴雨天数为 7 天、14 天。

在项目二中讲述过蓄电池的计算，计算公式为

$$蓄电池容量\ C = \frac{负载日耗电(W \cdot h)}{系统直流电压(V)} \times \frac{连续阴雨天数}{逆变器效率 \times 蓄电池放电深度}$$

式中，逆变器效率可根据设备选型在 80%~93% 之间选择，蓄电池放电深度可根据其性能参数和可靠性要求等在 50%~75% 之间选择。

根据计算出的太阳电池组件或方阵的电流、电压、总功率及蓄电池组容量等参数，参照电池组件和蓄电池生产厂家提供的规格尺寸和技术参数，结合电池组件(方阵)设置安装位置的实际情况，就可以确定构成方阵所需电池组件的规格尺寸和构成蓄电池组的容量及串联、并联块数。

根据山西省太原市的地区特点，这里连续阴雨天数为 3 天，选择深循环放电蓄电池，蓄电池放电深度为 80%。代入公式计算：

$$蓄电池容量\ C = \frac{6200 \times 3}{48 \times 0.85 \times 0.8} = 569.85\ A \cdot h$$

本着尽量减少串、并联的原则，根据计算可以选择 12 V/300 A·h 的阀控密封式铅酸蓄电池 2 块并联、4 块串联达到系统要求，总电压 48 V，总容量 600 A·h。实际应用中，尽量选择大容量蓄电池以减少蓄电池之间的不平衡造成的影响。并联的电池数越多，发生蓄电池不平衡的可能性就越大。一般要求蓄电池的数量不得超过 4 组。

**2．蓄电池的容量修正**

对于铅酸蓄电池，蓄电池的容量不是一成不变的，与两个重要因素有关：蓄电池的放电率和环境温度。

1) 放电率对蓄电池容量的影响

蓄电池的容量随放电率的降低(即蓄电池放电时间变长)而相应增加。在蓄电池匹配计算中我们常用到平均放电率这一参数。

$$平均放电率(小时) = \frac{自给天数 \times 负载工作时间}{最大放电深度}$$

对于多个不同负载的光伏发电系统，负载的工作时间可以使用加权平均负载工作时间。

$$加权平均负载工作时间 = \frac{\sum 负载功率 \times 负载工作时间}{\sum 负载功率}$$

根据以上公式就可以算出蓄电池的实际平均放电率，根据蓄电池生产商提供的该型号电池在不同放电速率下的蓄电池容量，就可以对蓄电池的容量进行修正。

2) 温度对蓄电池容量的影响

蓄电池的容量随温度的下降而下降。通常铅酸蓄电池容量是在 25℃ 时标定的，随着温度的降低，0℃ 时的容量大约下降到额定容量的 90%，而在零下 20℃ 的时候大约下降到额定容量的 80%，所以必须考虑蓄电池的环境温度对其容量的影响。蓄电池生产商一般会提供相关的蓄电池温度-容量修正曲线，在该曲线上可以查到对应温度的蓄电池容量修正系数。图 3-35 所示为在充电电流不同时，某蓄电池容量与温度的关系曲线。蓄电池的最大放

电深度受低温的影响。在寒冷气候条件下，如果蓄电池放电过多，电解液凝结点上升，电解液就可能凝结，以致损坏蓄电池。

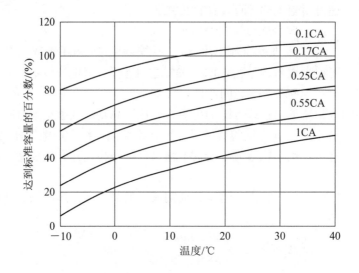

图 3-35　蓄电池温度-容量修正曲线

蓄电池容量修正后公式如下：

$$蓄电池容量 = \frac{负载日平均电量(A \cdot h) \times 连续阴雨天数 \times 放电率修正系数}{最大放电深度 \times 温度修正系数}$$

但往往实际计算过程中，将蓄电池容量选择稍大些，不需要考虑修正系数的计算。如本项目在上述计算中计算需要 569.85 A·h 蓄电池，我们选择 600 A·h 或者更高容量蓄电池，留有一定的容量即可。

### 3.6.5　控制器的选型
#### 3.6.5　Selection of Controller

光伏控制器要根据系统功率、系统直流工作电压、电池方阵输入路数、蓄电池组数、负载状况以及用户的特殊要求等确定其类型。选型时需要注意，控制器的功能并不是越多越好，注意选择在本系统中适用和有用的功能，抛弃多余的功能，否则不但增加了成本，而且还增大了出现故障的可能性。

选择控制器时要特别注意其额定工作电流必须同时大于太阳电池组件或方阵的短路电流和负载的最大工作电流。为适应将来的系统扩容，和保证系统长时间的工作稳定，建议控制器的选型最好选择高一个型号。例如，设计选择 12 V/5 A 的控制器就能满足系统使用时，实际应用可考虑选择 12 V/8 A 的控制器。根据以上原则，这里选择 48 V 控制器。

控制器额定电流应该大于组件电流 × 并联数目 = 8.33 × 5 = 41.65 A，因此控制器的电流应该在 41.65 A 以上，在本项目家用光伏发电系统中可以选择 48 V/50 A 的控制器，参数如表 3-4 所示。

表 3-4　控制器的技术参数

| 性　　能 | 参　　数 |
|---|---|
| 型号 | SSCM 12 V/24 V/36 V/48 V |
| 额定光伏功率/W | 900/1800/2250/3000　(12/24/36/48 V 系统) |
| 额定充电电流/A | 50 A/60 A |
| 最小输入电压/V | 15/28/43/58　(12/24/36/48 V 系统) |
| 最大输入电压/V | 18/36/54/72　(12/24/36/48 V 系统) |
| 光伏组件最大开路电压/V | 150 |
| 浮充电压(可调)/V | 14/28/42/56　(12/24/36/48 V 系统) |
| 升压点电压/V | 10/20/30/40　(12/24/36/48 V 系统) |
| 欠压点电压(可调)/V<br>负载断开 | 10.5/21/31.5/42　(12/24/36/48 V 系统) |
| 欠压恢复(可调)/V<br>10 s 延时 | 12/24/36/48　(12/24/36/48 V 系统) |
| 过压点电压(可调)/V<br>10 s 后切断充电(可调) | 15/30/45/60　(12/24/36/48 V 系统) |
| 过压恢复/V<br>10 min 延时(可调) | 13.5/27/40.5/54　(12/24/36/48 V 系统) |
| 静态损耗/mA | <30 |
| 充电效率 | >98% |
| 最高充电效率 | 99% |
| 隔离 | 电感隔离 |
| 工作温度范围 | −40℃~50℃(超过 50℃功率会有损耗) |
| 环境湿度 | 0%~98%无冷凝 |
| 散热方式 | 自然散热 |
| 温度补偿 | −4 mV/K(2 V cell) |
| 高度/m | <2000 |

## 3.6.6　逆变器的选型
### 3.6.6　Selection of Inverter

逆变器的选型配置除了要根据整个光伏发电系统的各项技术指标并参考生产厂家提供的产品样本手册来确定外，一般还要重点考虑下列几项技术指标。

#### 1. 额定输出功率

额定输出功率表示光伏逆变器向负载供电的能力。额定输出功率高的光伏逆变器可以带更多的用电负载。选用光伏逆变器时，应首先考虑具有足够的额定功率，以满足最大负荷下设备对电功率的要求，以及系统的扩容及一些临时负载的接入。当用电设备以纯电阻性负载为主或功率因数大于 0.9 时，一般选取光伏逆变器的额定输出功率比用电设备总功率大 10%~15%。

**2．输出电压的调整性能**

输出电压的调整性能表示光伏逆变器输出电压的稳压能力。一般光伏逆变器产品都给出了当直流输入电压在允许波动范围变动时，该光伏逆变器输出电压的波动偏差的百分率，通常称为电压调整率。高性能的光伏逆变器应同时给出当负载由零向 100%变化时，该光伏逆变器输出电压的偏差百分率，通常称为负载调整率。性能优良的光伏逆变器的电压调整率应小于等于±3%，负载调整率就小于等于±6%。

**3．整机效率**

整机效率表示光伏逆变器自身功率损耗的大小。容量较大的光伏逆变器还要给出满负荷工作和低负荷工作下的效率值。一般千瓦级以下的逆变器的效率应为 85%以上；10 kW级的效率应为 90%以上；更大功率的效率必须在 95%以上。逆变器效率高低对光伏发电系统提高有效发电量和降低发电成本有重要影响，因此选用光伏逆变器要尽量进行比较，选择整机效率高一些的产品。

**4．启动性能**

光伏逆变器应保证在额定负载下可靠启动。高性能的光伏逆变器可以做到连续多次满负荷启动而不损坏功率开关器件及其他电路。小型逆变器为了自身安全，有时采用软启动或限流启动措施或电路。

考虑以上因素，光伏逆变器的选型一般是根据光伏发电系统设计确定的直流电压来选择逆变器的直流输入电压，根据负载的类型确定逆变器的功率和相数，根据负载的冲击性决定逆变器的功率余量。逆变器的持续功率应该大于使用负载的功率，负载的启动功率要小于逆变器的最大冲击功率。在选型时还要考虑为光伏发电系统将来的扩容留有一定的余量。

因此根据以上原则，在本项目方案中光伏阵列为 3 kW，系统工作电压为 48 V。根据负载用电情况，逆变器容量选择额定输出功率较高的光伏逆变器，方便多个负载同时启动。因此选择 48 V/220 V、功率为 5000 W 的离网逆变器，其参数如表 3-5 所示。

**表 3-5　逆变器参数**

| 品牌 | 首发电气科技 | 持续输出功率 | 5000 W |
|---|---|---|---|
| 负载调整率 | 100% | 型号 | SFP-5000 |
| 作用 | 直流电转交流电 | 产品认证 | ce |
| 输出电压波形 | 正弦波 | 输出功率 | 5000 W |
| 最大输出功率 | 10 000 W | 逆变效率 | 95% |
| 输入电压范围 | DC 24 V/48 V | 额定容量 | 5000 |
| 电路拓扑结构 | 全桥式 | 功能 | 逆变　转换　升压 |
| 输出频率 | 50 Hz | 加工定制 | 是 |
| 外形尺寸 | 350 × 167 × 117 | 输出电压 | AC 220 V/110 V |
| 电压调整率 | 100% | 物料编号 | 002 |
| 典型 | 太阳能逆变器 | | |

### 3.6.7　支架系统设计

**1. 光伏阵列的方位角与倾斜角**

本项目为家庭光伏电站，安装于屋顶，因此光伏阵列的方位角选择正南方向，以达到最大发电量。

对于倾斜角，取当地纬度加上几度作为当地太阳电池组件安装的倾斜角。山西省太原市的纬度为 37.78°。纬度和倾斜角关系如下：

纬度为 0°～25° 时，倾斜角等于纬度；

纬度为 26°～40° 时，倾斜角等于纬度加上 5°～10°；

纬度为 41°～55° 时，倾斜角等于纬度加上 10°～15°；

纬度为 55° 以上时，倾斜角等于纬度加上 15°～20°。

根据粗略计算原则，纬度在上述第二个范围之内，因此倾斜角选择 45° 左右为佳。

**2. 支架设计**

1) 设计总体原则

方阵支架应于安装地进行设计，便于安装，且在保证强度和刚度的前提下，尽量节约材料，简化制造工艺，降低成本。

2) 支架的强度

支架的强度最低限度能承受自重和风压相加的荷重，在多雪、多震地区还要考虑积雪荷重和地震荷重。有关支架强度的计算可参考《太阳能光伏发电系统的设计与施工》(太阳发电协会，刘树民编，宏伟译，科学出版社)。

3) 支架的材质选择

目前常用的材质有 SUS304 不锈钢、SUS202 不锈钢、C 型钢、Q235 普通钢、热浸镀锌、铁等。支架的材质是根据设计的使用寿命和环境条件来决定的，使用寿命可参考如下数据：

(1) 钢+表面涂漆(有颜色)：5～10 年；

(2) 钢制+热浸镀锌：20～30 年；

(3) 不锈钢：30 年以上。

不锈钢的价格过于昂贵，一般采用(1)、(2)形式，进行热浸镀锌时，不同环境选择不同的厚度，在重工业地区及繁忙的公路中含有高浓度二氧化硫，会促使金属生锈腐蚀，一般在重工业区或沿海地区的镀锌量为 550～600 g/m²，郊区为 400 g/m²。

对于固定太阳能电池板，根据其安装方式的不同，可分为屋顶安装与地面安装，其中屋顶安装也分为琉璃瓦安装与彩钢瓦安装。由于不同安装方式的支架设计不同，需要提前对安装现场进行勘察，项目中用户将光伏电站建在屋顶上，且屋顶为平面屋顶，由此设计支架为平面屋顶支架，倾斜角为 45°，安装支架方式如图 3-36 所示。支架结构用料选用镀锌角钢。

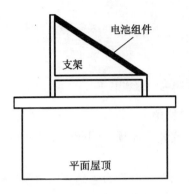

图 3-36  安装支架方式

4) 光伏阵列布局

具体光伏阵列布局要根据屋顶面积、屋顶承重梁位置等进行设计，尽量使安装的阵列靠近承重梁，根据所选组件尺寸以及计算公式确定组件阵列的间距，以防止在日出日落的时候前排光伏组件产生的阴影遮挡住后排的光伏组件而影响光伏方阵的输出功率。根据光伏发电系统所在的地理位置、太阳运动情况、安装支架的高度等因素，可以由下列公式计算出固定式支架前后排之间的最小距离：

$$D = \frac{0.707H}{\tan[\arcsin(0.648\cos\varphi - 0.399\sin\varphi)]}$$

式中，$\varphi$ 为安装光伏发电系统所在地区的纬度，$H$ 为前排最高点与后排最低点的高度差，阵列前后间距示意图如图 3-37 所示，具体参数要根据现场测量得到。

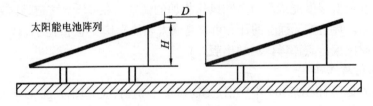

图 3-37  阵列前后间距

# 3.7  应用案例——移动基站独立供电系统

**3.7  Application Case—Independent Power Supply System for Mobile Base Station**

### 3.7.1  案例概述
### 3.7.1  Case Overview

山东青州某中学采用光伏发电系统给学校移动通信基站供电，如图 3-38 所示，按照用户每天使用 3 度电的需求，设计满足用户用电的独立光伏发电系统。

**1. 地理位置分析**

青州位于山东半岛中部，北纬 36°4′至 36°8′，东经 118°0′至 118°6′。属于我国太阳能资源较丰富的区域(Ⅱ区)。此方案是按照青州地区气候特点，选择平均日照时间最长的安装角度 45°，一年中，七月份平均每天日照时间最短为 4.38 小时。

### 2. 光伏系统组成

光伏系统主要包括光伏阵列、直流-交流逆变设备和蓄电池组。光伏阵列包括太阳电池组件、支撑结构(支架及基础等)、接线箱、电缆电线等；直流-交流逆变设备包括控制器、配电柜、避雷器、逆变器等；蓄电池组应保障 3 天阴雨天正常供电。

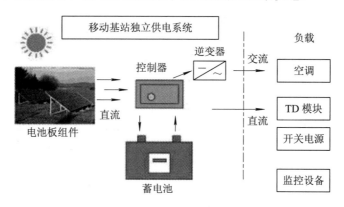

图 3-38　移动通信基站光伏发电系统

## 3.7.2　光伏组件的选型以及容量计算

### 1. 系统电压确定

系统电压越高，系统电流就越小，从而可以使系统及线路损耗变小。为了减少线路损耗，本项目选择 110 V 工作电压。

### 2. 光伏组件的容量计算

本方案选择了非晶硅太阳电池作为电站的光伏组件，参数如表 3-6 所示。

表 3-6　光伏组件参数

| 参数名称 | 参数值 | 参数名称 | 参数值 |
| --- | --- | --- | --- |
| 输出功率 | 40 W | 宽度 | 635 mm |
| 最大输出功率时的电压 | 46 V | 厚度 | 7 mm |
| 最大输出功率时的电流 | 0.87 A | 质量 | 13 kg |
| 开路电压 | 61 V | 功率温度系数，%/℃ | −0.19 |
| 短路电流 | 1 A | 电压温度系数，%/℃ | −0.28 |
| 最大系统电压 | 1000 V | 电流温度系数，%/℃ | 0.09 |
| 长度 | 1245 mm | | |

为了给 110 V 系统电压供电，电池组件最大工作电压为 46 V，设计方阵有 4 块电池组件串联。

通过对温度损失因子、组合损失因子、输配电损耗、充电损失、灰尘遮挡损失等各个因素的分析，得到组件修正系数为 0.75。根据近五年气象数据显示，通过计算该系统一共需用 JN-40 型非晶硅电池组件 24 块，总共功率为 960 W，采用 4 串 6 并的连接方式。

### 3.7.3 蓄电池的选型与计算
3.7.3 Selection and Calculation of Storage Battery

按照用户每天使用 3 度电、连续阴雨天 4 天计算，蓄电池选择铅酸蓄电池，放电深度为 0.75。蓄电池容量为 $(3 \times 4)/(0.75 \times 0.8) = 20\,kW \cdot h$，计算得出需要 185 A·h 的蓄电池，这里选择 9 个 12 V 蓄电池串联得到 108 V 电压，因此实际中可以选择 12 V/200 A·h 阀控密封式铅酸蓄电池 9 块、串联。

### 3.7.4 电气配置
3.7.4 Electrical Configuration

#### 1. 控制器的选型

由于系统中采用 110 V 电压，组件最大输出功率时的电流为 0.87 A，6 串组件并联后最大输出电流为 5.22 A，因此选择 110 V/10 A 的光伏控制器。控制器参数如表 3-7 所示。

表 3-7 光伏控制器参数

| 参数名称 | | 参数值 |
| --- | --- | --- |
| 型号 | | GS-30E |
| 额定电压/V DC | | 110V |
| 负载最大电流/A | | 10 |
| 充电最大电流/A | | 10 |
| 推荐充电路数 | | 1 |
| 推荐最大光伏组件功率/kWp | | 1.5 |
| 最大开路电压/V DC | | 250 |
| 过充/V DC | 保护 | 130(可设定) |
| | 恢复 | 119(可设定) |
| 过放/V DC | 断开 | 97(可设定) |
| | 恢复 | 113(可设定) |
| 负载过压 | 断开 | 150(可设定) |

#### 2. 逆变器的选型

系统总容量为 960 W，因此逆变器选择 1 kV·A 的额定容量，采用 110～220 V 逆变器，具体参数如表 3-8 所示。

表 3-8    逆变器参数

| 参数名称 | 参数值 |
|---|---|
| 型号 | GN1KE |
| 额定容量/(kV · A) | 1 |
| 额定输入电压/V DC | 110 |
| 额定输入电流/A | 10 |
| 欠压点/V DC | 97 |
| 欠压恢复点/V DC | 119 |
| 过压点/V DC | 150 |
| 额定输出电压/V AC | 220 |
| 额定频率/Hz | 50 |
| 输出波形 | 正弦波 |
| 输出电流 | 4.54 |
| 过载能力 | 120% 1 分钟 |
| 电压稳定精度(AC) | 220 ± 3% |
| 频率稳定精度 | 50 ± 0.04 |
| 波形失真率 | ≤3% |

### 3.7.5  光伏阵列安装设计

### 3.7.5  Design of Photovoltaic Array Installation

安装设计包括光伏阵列的布局、支架结构设计和阵列布线等内容。

#### 1. 光伏阵列布局

光伏组件按照 4 行 6 列的排列方式，做成一个光伏阵列。阵列的方位角为正南方向，安装方式如图 3-39 所示。

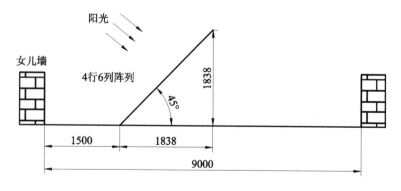

图 3-39    光伏阵列排列方式

每个阵列的排列示意图如图 3-40 所示。

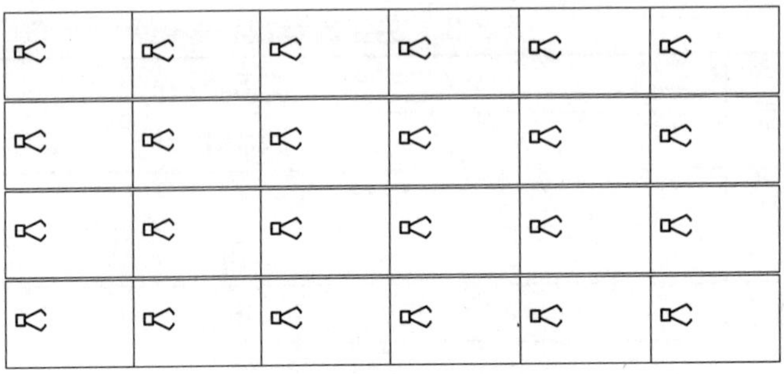

图 3-40　光伏阵列的排列示意图

### 2. 支架结构设计

由于此系统安装在楼顶，防水显得尤为重要，考虑到防水设计，为了防止破坏防水层，整个结构采用卧式支架结构。

支架用槽钢作底座，底座上加垫胶皮垫，防止由于阵列及支架自重对防水油毡的破坏。在女儿墙体侧用胀管将 200 mm × 200 mm × 8 mm 的钢板固定在墙体上，而后将支架与钢板连接，增加稳定性能。支架结构用料为镀锌角钢。

### 3. 阵列的布线

#### 1) 阵列布线

阵列设计接线为 4 串 6 并，阵列在布局时考虑到了接线，每列的 4 个组件进行串联连接，然后从顶端和下端分别走两根母线，下端为正极母线，顶端为负极母线，考虑到直流电的线损，选择母线的线径为 4 平方多股软线。在进行串联汇流之后将两根母线引入配电柜，配电柜就放在基站发射器的侧面，距离阵列 3 m 以内。

#### 2) 防水处理

在接头处用三通防水接线盒进行防水处理。同时母线用 PVC 穿线管套接，接头处以及管的连接处用密封胶密封处理。

## 新应用

"光伏+农业""光伏+畜牧业""光伏+建筑""光伏+渔业"等复合应用形式规模不断扩大，微电网、智能电网等光伏发电与电网的深入融合逐步成为电力行业新业态。

近年来，"光伏+"多领域相关案例的实施，不仅为城乡增加了财富和生机，也让"低碳""零碳"开始走入城乡每个角落、走入每个人的生活。"环境友好型光伏+"已经成为实现"双碳"目标的路径之一。

### 1. 菌菇光伏—河北食用菌之乡平泉县

**生产原理**：根据光伏发电要阳光、食用菌生长要遮光的原理，将光伏电站和食用菌种植大棚相组合，在不改变和不破坏土质的情况下，提高土地的利用率，实现发电和收菇的综合叠加效益。

**概况**：河北省平泉县是全国有名的"食用菌之乡"，在大力发展食用菌的同时，积极探索光伏产业与食用菌种植相结合模式，实现"一地两用"。采用产业大户带动、贫困户入股、分散经营、自主管理、统一技术销售的扶贫园区模式。在平泉县黄土梁子镇建设成 30 兆瓦的设施农业光伏发电项目，如图 3-41 所示。该项目占地 1236 亩，一期已建设施发菌棚 40 个、生产棚 140 个，吸纳 70 户贫困户入驻，解决 200 余人就业。

图 3-41　光伏+农业应用场景

**2. 渔光互补—赛维鄂州农业光伏科技示范园**

**生产模式：** 利用鱼塘睡眠或滩涂湿地，支上光伏组件进行发电，形成"上可发电、下可养鱼"模式，既充分利用空间、节约土地资源，又能利用光伏电站调节养殖环境。集中于喜阴的名特优养殖品种，如沙塘鳢、河蟹、黄颡等鱼类。

**概况：** 湖北省鄂州市汀祖镇汀祖村结合水产养殖业建设的 20 MWp 光伏发电系统，形成了一个光伏产业带动水产业及相关产业发展的示范园区和多功能光伏农业产业基地，如图 3-42 所示。该项目年平均可为电网提供电能约 1783 kW·h，大大减少了煤的消耗，有效控制了大气污染物的排放。项目建成后，原有小池塘养殖方式变为大池塘规模化养殖方式，光伏项目给渔业带来收益约 90 万元。

图 3-42　光伏+渔业应用场景

**3. 服光模式—精武镇光伏农业产业园**

**发展方式：** 产业园区可同时进行发电、种植、旅游，实现产业融合发展，设有茶叶、食用菌、苗木花卉、盆栽蔬菜等种植区域。

概况：天津市西青区精武镇光伏发电农业科技园项目共建设 222 个科技大棚，通过在棚顶架设不同透光率的太阳能电池板，可同时保证太阳能电池发电和整个温室大棚农作物的采光需求，是光伏新能源、现代农业及生态旅游相结合的新兴特色园区，如图 3-43 所示。在光伏农业大棚里可种植有机农产品、名贵苗木等各类高附加值作物，还能实现反季节种植、精品种植。项目实现年产值约 1.16 亿元，税收 400 万元。

图 3-43　光伏+产业园应用场景

此外，光伏 + 冷库、光伏 + 车棚、光伏 + 尾矿等各种新型的应用已经开始实施，"光"之所向，"伏"射万家。"光伏+"的模式，将分布式光伏与农林渔畜等产业以及相关建筑在一定程度上进行结合，能产生巨大的经济效益和环境效益，助力碳达峰、碳中和目标的实现。

# 【课后任务】

## 【After-class Assignments】

给甘肃兰州某户居民房屋顶设计一套独立光伏发电系统，统计一般居民用电情况，并根据用电情况为该用户在屋顶设计安装电站。完成以下任务：

(1) 光伏电池板的选型与计算；

(2) 蓄电池的选型与计算；

(3) 控制器与逆变器的选型与设计；

(4) 作出系统预算(主要设备)。

# 【课后习题】

## 【After-class Exercises】

1. 简述独立光伏发电站和并网光伏电站的区别。

2. 光伏电站设计的主要内容是什么？

3. 如何进行光伏阵列的设计？

4. 说明电池片、光伏组件、光伏阵列之间的关系如何。

5. 什么是热斑效应？有什么危害？如何避免？

6. 光伏阵列的安装方式如何？各有什么特点？

7. 简述光伏逆变器的功能、分类及如何分类。

8. 怎样进行光伏逆变器的选型？注意事项有哪些？

9. 光伏发电系统运行前应进行哪些检查？

10. 什么是最大功率点跟踪？

11. 常见的最大功率点跟踪方式有哪些？

12. 光伏发电系统如何实现最大功率点跟踪？

# 【实训三】 独立光伏发电系统设计

【Practical Training Ⅲ】 Design of Independent Photovoltaic Power Generation System

**一、实训目的**

掌握家用光伏发电系统设计。

**二、实训设备**

本实验所需设备有太阳电池组件、控制器、蓄电池、逆变器等。

**三、实训内容**

(1) 查询地理位置、年辐射量、平均日照时数。

(2) 安装 RETScreen 软件，掌握使用方案并查询以上信息。

(3) 光伏组件的安装角度的确定。

(4) 查询地方年平均连续阴雨天数。

(5) 统计系统负载、用电情况。

(6) 计算蓄电池容量。

(7) 确定蓄电池厂家、型号。

(8) 确定光伏电池厂家、电池板。

(9) 计算电池方阵容量。

(10) 确定逆变器厂家、型号。

(11) 选择控制器，确定参数及型号。

(12) 绘制系统结构图。

(13) 撰写实训报告。

# 项目4　大型并网光伏发电系统设计

## Item Ⅳ　Design of Large Grid-connected Photovoltaic System

## 4.1　任务提出

4.1 Proposal of Task

据预测，太阳能光伏发电在 21 世纪会占据世界能源消费的重要席位，不但要替代部分常规能源，还将成为世界能源供应的主体。预计到 2030 年，可再生能源在总能源结构中将占到 30% 以上，而太阳能发电在世界总电力供应中的占比也将达到 10%；到 2040 年，可再生能源将占总能耗的 50% 以上，太阳能发电将占总电力供应的 20% 以上；到 21 世纪末，可再生能源在能源结构中将占到 80% 以上，太阳能发电将占到 60% 以上。党的二十大报告进一步指明了我国能源发展变革的战略方向，为我国可再生能源发展设定了新的航标，光伏等可再生能源发展将进入再提速阶段，而并网发电是光伏发电的最主要形式，代表了太阳能发电的发展方向。

并网发电系统具有许多独特的优点，可概括如下：

(1) 利用清洁、可再生的太阳能发电，不消耗煤炭等石化资源，使用中无温室气体和污染物排放，与生态环境和谐，符合经济社会可持续发展战略。

(2) 所发电能馈入电网，以电网为储能装置，省掉蓄电池，降低发电系统的成本，杜绝了蓄电池的二次污染。

(3) 对电网可起到一定的调峰作用。

本项目要求为天津某商业中心屋顶设计并网光伏发电系统，实现楼顶光电站并网发电，如图 4-1 所示。

图 4-1　并网光伏电站效果图

## 4.2　任务解析

　　并网光伏发电系统以电网储存电能，一般没有蓄电池容量的限制，即使是有备用蓄电池组，也是为防灾等特殊情况而配备的。并网光伏发电系统的设计也就没有独立光伏发电系统那样严格，重点考虑的应该是太阳能光伏阵列在有效的占用面积里，实现全年发电量的最大化。条件允许的情况下，太阳能光伏阵列的安装倾斜角也应该是全年能接收到最大太阳辐射量所对应的角度。光伏并网发电系统由光伏阵列、直流配电柜、并网逆变器、交流配电柜和监控等部分组成。系统设计时，需要结合并网逆变器的规格型号，最大化地考虑装机容量，并依此确定太阳电池组件的串并联方案和所需线缆规格型号，尤其是最大功率电压跟踪范围，确定直流汇流箱、组件串列、电池组件的额定功率、电压、电流及其数量等。

## 4.3　并网光伏发电系统

　　所谓并网光伏发电系统，就是将太阳能光伏组件产生的直流电经过并网逆变器转换成符合市电电网要求的交流电之后直接接入公共电网。并网光伏发电系统有集中式大型并网光伏系统，也有分散式小型并网光伏系统。集中式大型并网光伏电站一般都是国家级电站，其主要特点是将所发电能直接输送到电网，由电网统一调配向用户供电。这种电站投资大，建设周期长，占地面积大，需要复杂的控制和配电设备，其发电成本要比传统能源发电贵几倍，目前还处在示范和逐步推广应用阶段。而分散式小型并网光伏系统，特别是与建筑物相结合的屋顶光伏发电系统、光伏建筑一体化发电系统等，由于投资小、建设快、占地面积小、政策支持力度大等优点，成为目前并网光伏发电的主流。分散式小型并网光伏系统发电功率一般为 5～50 kW，主要特点是所发的电能直接分配到住宅的用电设备上，多余或不足的电力通过公共电网调节，多余时向电网送电，不足时由电网供电。

　　独立光伏发电系统因不需要与公用电网相连接，所以必须增加储能元件，从而增加了系统的成本，而并网光伏发电系统接入国家电网，在系统发电量过剩时，将剩余电量输入国家电网，系统发电量不足时，将从国家电网购买电能，以供负载使用。因此并网光伏发电系统不需要专门的储能元件，建设和维护成本相对较低。并网光伏发电系统结构如图 4-2 所示。

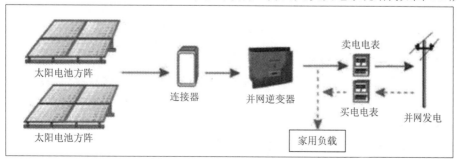

图 4-2　并网光伏发电系统结构

并网光伏发电系统由 PV 发电系统、DC/AC 逆变系统和并网接入系统等三部分组成，光伏电池组件、并网逆变器属于关键设备。

### 4.3.1 并网光伏发电系统分类

并网光伏发电系统根据电能是否送到电力系统可分为有逆流并网发电系统、无逆流并网发电系统和切换型并网发电系统等。

**1. 有逆流并网发电系统**

有逆流并网发电系统示意图如图 4-3 所示。当太阳能光伏发电系统发出的电能充裕时，可将剩余的电能送入公共电网；当太阳能光伏发电系统提供的电力不足时，由电网向负载供电。由于向电网供电时与电网供电的方向相反，所以称为有逆流并网发电系统。

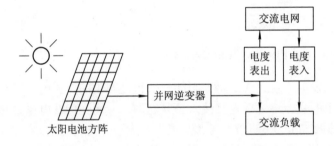

图 4-3　有逆流并网发电系统示意图

**2. 无逆流并网发电系统**

无逆流并网发电系统示意图如图 4-4 所示。这种太阳能光伏发电系统即使发电充裕时，也不向公共电网供电，但当太阳能光伏发电系统供电不足时，则由公共电网供电。

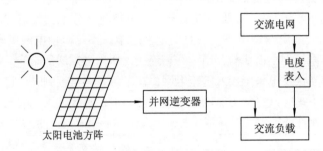

图 4-4　无逆流并网发电系统示意图

**3. 切换型并网发电系统**

切换型并网发电系统示意图如图 4-5 所示。该系统具有自动运行双向切换的功能。一是当光伏发电系统因天气及自身故障等原因导致发电量不足时，切换器能自动切换到电网供电侧，由电网向负载供电；二是当电网因某种原因突然停电时，光伏发电系统可以自动切换使电网与光伏发电系统分离，成为独立光伏发电系统。一般切换型并网发电系统都带有储能装置。

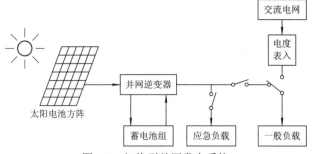

图 4-5　切换型并网发电系统

### 4．储能并网发电系统

有储能装置的并网发电系统，就是在上述几类并网光伏发电系统中根据需要配置储能装置。带有储能装置的光伏系统主动性较强，当电网出现停电、限电及故障时，可独立运行并正常向负载供电。因此，带有储能装置的并网发电系统可作为紧急通信电源、医疗设备、加油站、避难场所指示及照明等重要场所或应急负载的供电系统。

### 5．大型并网发电系统

大型并网光伏发电系统如图 4-6 所示，由若干个并网光伏发电单元组合构成。每个光伏发电单元将太阳电池阵列发出的直流电经光伏并网逆变器转换成 380 V 交流电，经升压系统变成 10 kV 的交流高压电，再送入 35 kV 变电系统后，并入 35 kV 的交流高压电网，35 kV 交流高压电经降压系统后变成 380～400 V 交流电，作为发电站的备用电源。

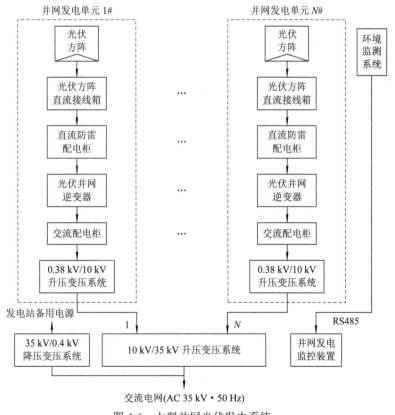

图 4-6　大型并网光伏发电系统

### 6.分布式发电系统

分布式发电系统又称分散式发电系统或分布式供能系统，是指在用户现场或靠近用电现场配置较小的光伏发电供电系统，以满足特定用户的需求，支持现存配电网的经济运行，或者同时满足这两个方面的要求。

4-1 分布式光伏发电介绍

分布式光伏发电系统的基本设备包括光伏电池组件、光伏阵列支架、直流汇流箱、直流配电柜、并网逆变器、交流配电柜等设备，另外，还有供电系统监控装置和环境监测装置。其运行模式是在有太阳辐射的条件下，光伏发电系统的太阳能光伏阵列将太阳能转换输出的电能经过直流汇流箱集中送入直流配电柜，由并网逆变器逆变成交流电供给建筑自身负载，多余或不足的电力通过连接电网来调节。

### 7.智能微网系统

微网(Micro-grid)是指由分布式电源、储能装置、能量转换装置、相关负荷和监控、保护装置汇集而成的小型发配电系统，是一个能够实现自我控制、保护和管理的自治系统，既可以与外部电网并网运行，也可以孤立运行。微网接在用户侧，具有低成本、低电压、低污染等特点。微网既可与大电网联网运行，也可在电网故障或需要时与主网断开单独运行。

微网具有双重角色。对于电网，微网作为一个大小可以改变的智能负载，为本地电力系统提供了可调度的负荷，可以在数秒内做出响应以满足系统需要，适时向大电网提供有力支撑；可以在维修系统的同时不影响客户的负荷；可以减轻(延长)配电网更新换代，指导分布式电源孤岛运行，能够消除某些特殊操作要求产生的技术阻碍。对于用户，微网作为一个可定制的电源，能满足用户多样化的需求，例如，增强局部供电可靠性，降低馈电损耗，支持当地电压，通过利用废热提高效率，提供电压下陷的校正，或作为不可中断电源服务等。因此，微网也称为智能微网系统。

微网不仅解决了分布式电源的大规模接入问题，充分发挥了分布式电源的各项优势，还为用户带来了其他多方面的效益。微网将从根本上改变传统的应对负荷增长的方式，在降低能耗、提高电力系统可靠性和灵活性等方面具有巨大潜力。

## 4.3.2　并网光伏发电系统的组成

### 4.3.2　Composition of Grid-connected Photovoltaic System

并网光伏发电系统的组成如图 4-7 所示。光伏阵列将太阳能转换成直流电能，通过汇流箱汇流，再经逆变器将直流电转换成交流电，根据光伏发电站接入电网技术规定的光伏发电站容量，确定光伏发电站接入电网的电压等级，由变压器升压后，接入公共电网。

### 1.光伏阵列

在实际使用中，往往一块组件并不能满足使用现场的要求，常将若干个组件按一定方式(串、并联)组装在组件支架上，形成太阳能电池阵列(Solar Array 或 PV Array)，也称为光伏阵列。光伏阵列的安装方式可分为固定式和跟踪式，关于光伏阵列在项目 3 中有详细介绍，这里不再赘述。

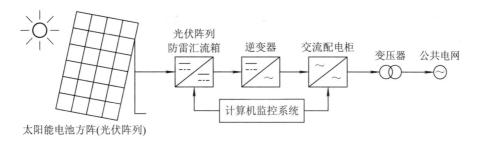

图 4-7　并网光伏发电系统的组成

## 2．光伏阵列防雷汇流箱

在太阳能光伏发电系统中，为了减少太阳能光伏阵列与逆变器之间的连线，方便维护，提高可靠性，一般在光伏阵列与逆变器之间增加光伏阵列防雷汇流箱，其实物如图 4-8 所示。用户可以将一定数量、规格相同的光伏组件串联起来，组成一个个光伏串列，然后再将若干个光伏串列并联接入光伏阵列的防雷汇流箱，在光伏阵列的防雷汇流箱内汇流后，通过直流断路器输出与光伏逆变器配套使用，从而构成完整的光伏发电系统，实现与市电并网。为了提高系统的可靠性和实用性，在光伏阵列防雷汇流箱里配置了光伏专用的直流防雷模块、直流熔断器和断路器等。

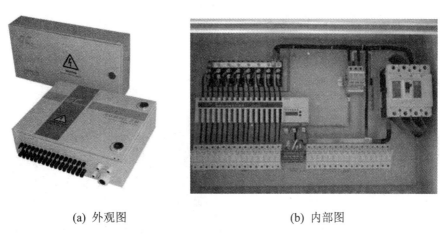

(a) 外观图　　　　　　　　　　(b) 内部图

图 4-8　光伏阵列防雷汇流箱外形图和内部实物图

## 3．直流防雷配电柜

小型太阳能光伏发电系统一般不用直流配电柜(也称直流接线箱)，电池组件的输出线就直接接到了控制器的输入端子上。直流配电柜主要是用在中、大型太阳能光伏发电系统中，其作用是将太阳能光伏阵列的多路输出电缆集中输入、分组连接，不仅使连线并然有序，而且便于分组检查、维护，当光伏阵列局部发生故障时，可以局部分离检修，不影响整体发电系统的连续工作。

直流防雷配电柜主要将直流汇流箱输出的直流电流进行汇流，再接到逆变器上。直流防雷配电柜主要包括直流输入断路器、避雷器、防反二极管和电压表等，其原理图如图 4-9 所示。

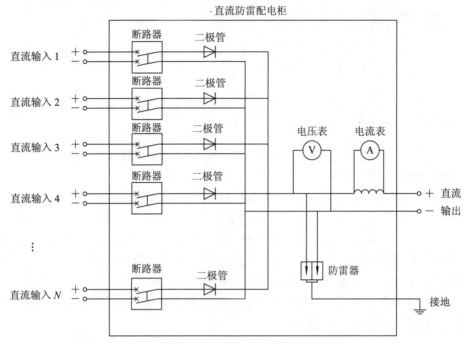

图 4-9　直流防雷配电柜原理图

### 4．并网逆变器

并网逆变器的作用是将电能转化为与电网同频、同相的正弦波电流，馈入公共电网。并网逆变器的实物如图 4-10 所示。

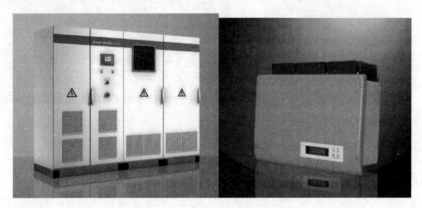

图 4-10　并网逆变器的实物图

并网逆变器应用在并网光伏发电系统中，应满足如下要求：

(1) 具有较高的效率。目前太阳电池的价格偏高，为了最大限度地利用太阳电池，提高系统效率，必须提高逆变器的效率。

(2) 具有较高的可靠性。目前光伏发电系统主要用于边远地区，许多电站无人值守和维护，这就要求逆变器具有合理的电路结构，严格的元器件筛选，并要求逆变器具备各种保护功能，如输入直流极性接反保护、交流输出短路保护以及过热和过载保护等。

(3) 直流输入电压有较宽的适应范围。太阳电池的端电压随负载和日照强度的变化而变化。这就要求逆变器必须在较大的直流输入电压范围内保证正常工作，并保证交流输出电压的稳定。

(4) 在中、大容量的光伏发电系统中，逆变电源的输出应为失真度较小的正弦波。这是由于在中、大容量系统中若采用方波供电，则输出有害的谐波分量，高次谐波将产生附加损耗；而许多光伏发电系统的负载为通信或仪表设备，这些设备对电网品质有较高的要求。当中、大容量的光伏发电系统并网运行时，为避免与公共电网的电力污染，也要求逆变器输出正弦波。

### 5．交流配电柜

交流配电柜是用于实现逆变器输出电量的输出、监测、显示以及设备保护等功能的交流配电单元，其实物图和原理接线图如图 4-11 所示。交流配电柜可以将逆变器输出的交流电接入后，经过断路器接入电网，以保证系统的正常供电，同时还能对线路电能进行计量。通过交流配电柜为逆变器提供输出接口，配置输出交流断路器直接并网(或供交流负载使用)，在光伏发电系统出现故障需要维修时，不会影响到光伏发电系统和电网(或负载)的安全，同时也保证了维修人员的人身安全。

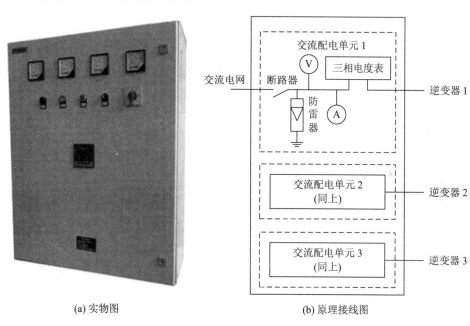

(a) 实物图　　　　　　　　　(b) 原理接线图

图 4-11　交流配电柜实物图和原理接线图

交流配电柜按照负荷功率大小的不同分为大型配电柜和小型配电柜；按照使用场所的不同分为户内型配电柜和户外型配电柜；按照电压等级的不同分为低压配电柜和高压配电柜。

中小型太阳能光伏发电系统一般采用低压供电和输送方式，选用低压配电柜就可以满足输送和电力分配的需要。大型光伏发电系统大都采用高压配供电装置和设施输送电力，并入电网，因此要选用符合大型发电系统需要的高低压配电柜和升降压变压器等配电设施。

配电柜内部交流侧的主要设备有交流断路器、防雷保护器、电能质量分析仪、电能表(可带通信接口)、交流电压表、交流电流表等，图 4-12 为三相并网系统交流配电柜原理图。

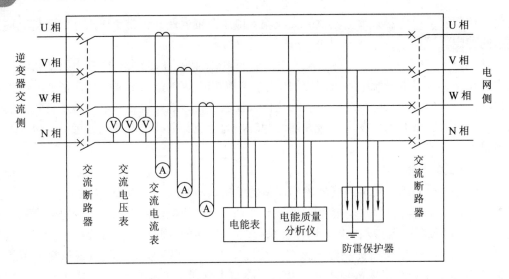

图 4-12　三相并网系统交流配电柜的原理示意图

1) 交流断路器

在光伏发电系统中，交流断路器被用来保护逆变器的输出端免受过电流的危害。当逆变器的输出端发生故障时，它可迅速切断故障电路，防止事故的进一步扩大。

交流断路器的规格需根据逆变器输出侧的电压、电流的额定值来确定。一般来说，交流断路器的额定电压不小于逆变器输出交流电压的额定值，过流脱扣器的额定电流不小于逆变器输出电流的额定值。在光伏并网发电系统中，在并网侧还需安装一个交流并网断路器，其参数的选择同逆变器输出侧的交流断路器。

2) 交流表计

为了便于观测逆变器的运行情况，在逆变器的输出侧配置交流电压表和交流电流表。交流电压表和交流电流表主要根据逆变器输出的额定工作电压和最大交流电流来选择表计的量程，表计的精度按照测量表计的标准级别进行选择。通过配置的交流电压表和交流电流表可以实时显示逆变器的输出电压及电流。

## 6. 电能表

在独立光伏发电系统中，仅装设用户电能表，用户按照电能表的"净计量值"缴纳电费。在并网可逆流的光伏发电系统中，应装设双向电能表，在光伏发电系统逆流向电网供电时，双向电能表可记录光伏发电系统馈入电网的电量。

另外，逆变后还会产生电压偏差、电压不平衡、直流分量、电压波动和闪变等情况，只有这些量值的大小都满足相关标准后，光伏发电系统才允许并入电网。

光伏发电系统设计中，在选取电能表时，在满足电能计量相关技术及标准要求的前提下，还应具备双向有功和四象限无功计量功能、事件记录功能等，并配置 RS-485 标准通信接口及多功能电能表通信协议，具备本地通信和通过电能信息采集终端远程通信的功能。电站运行人员可通过电能表就地查看光伏电站的运行情况，也方便远程调度人员及时掌握光伏发电系统的运行状况。

## 7. 电能质量分析仪

在光伏并网发电系统中，逆变器将直流电逆变成交流电，逆变后的交流电或多或少都包含一些高次谐波，这些谐波分量将对供电系统产生严重危害。谐波分量将增加发、输、供和用电设备的附加损耗，使设备过热，降低设备的效率和利用率，影响继电保护和自动装置的可靠性，干扰通信系统的正常工作。因此，电网对于并网光伏发电系统的谐波分量有明确的要求。此外，逆变后还会产生电压偏差、电压不平衡、直流分量、电压波动和闪变等情况，只有这些量值的大小都满足相关标准后，光伏发电系统才允许并入电网。

逆变器输出侧加装电能质量分析仪，目的就是对逆变器输出的电能质量进行检测，一旦逆变器输出电能质量不满足并网的技术要求，可采取措施将光伏发电系统从电网中切除。对于电能质量分析仪的要求就是能够提供各种电能质量的指标参数，以及对各种电能质量的数据进行记录，提供详细的信息，以便了解及分析电能质量的状况。

### 8．交流防雷保护器

在光伏并网发电系统中，线路如果受到雷击，将产生过电压，若不能使雷击电流迅速流入大地，雷击就会通过并网点的线缆侵入，对配电设备及用电设备造成损坏，甚至引起火灾，或者造成人身伤亡事故等严重后果。为了防止光伏发电系统并网侧因雷击对设备造成损坏，在并网点加装交流防雷保护器。当线路由于遭到二次感应雷击或操作过电压时，防雷保护器动作，将瞬时过电压短路泄放到地面，从而达到保护设备和人身安全的作用。

交流配电柜内的元器件应布置合理，走线整齐，电器间绝缘应符合国家有关标准；进出线通过接线端子，大电流端子、一般电压端子、弱电端子间要有隔离保护，交流配电柜针对接入的设备及线路要有明显的断开点，在检修时能够逐级断开设备及回路，确保维修人员及相关设备的安全。

### 9．计算机监控系统

光伏发电监控系统通过对光伏电站的运行状态、设备参数、环境数据等对系统进行监视、测量和控制，主要体现在设备和人身安全、发电可靠性和发电质量、并网电能管理、设备寿命管理、集中或远程监控等方面，实现光伏发电系统的安全、可靠、经济和方便地运行。

光伏发电监控系统一般分为站控层、网络层和间隔层三个层次，如图 4-13 所示。

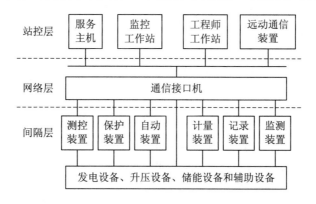

图 4-13　并网光伏电站监控系统结构图

站控层由服务主机和远动通信装置等构成，提供全站设备运行监控、视频监控、运行管理和与调度中心通信等功能；网络层由现场网络交换设备、网络线路和站控层网络交换设备等构成，提供全站运行和监控设备的互联与通信；间隔层主要指现场设备间隔层，由发电设备(含汇流、配电、逆变)、配电与计量设备、监测与控制装置和保护与自动装置等构成,提供全站发电运行和就地独立监控功能,在站控层或网络失效的情况下,仍能独立完成间隔设备的就地监控功能。

## 4.4 并网逆变器

并网逆变器是并网光伏发电系统的核心设备,它的可靠性、高效性和安全性会影响到整个光伏系统,直接关系到电站发电量及运行稳定性。如图 4-14 所示,并网逆变器是整个并网发电系统的核心设备,承担着光伏阵列的最大功率点跟踪、直流逆变、防孤岛效应等诸多功能。就并网逆变器而言,我国自主研发生产的知名品牌并不多,大部分的光伏示范工程都采用进口的国外品牌,导致并网光伏发电系统的造价高、依赖性强,制约了系统在国内市场的发展和推广。因此开展对并网逆变器的研究,掌握并网逆变器关键技术对推广并网光伏发电系统,实现节能减排有着十分重要的作用。

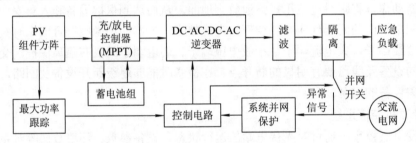

图 4-14  并网光伏发电系统

### 4.4.1  并网逆变器的工作原理

**1. 逆变器的电路构成**

逆变器的基本电路构成如图 4-15 所示,由输入电路、输出电路、主逆变开关电路(简称主逆变电路)、控制电路、辅助电路和保护电路等构成。

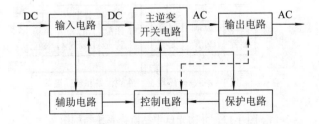

图 4-15  逆变器的基本电路构成

(1) 输入电路。输入电路的主要作用就是为主逆变电路提供可确保其正常工作的直流工作电压。

(2) 主逆变电路。主逆变电路是逆变电路的核心，它的主要作用是通过半导体开关器件的导通和关断完成逆变的功能。逆变电路分为隔离式和非隔离式两大类。

(3) 输出电路。输出电路主要是对主逆变电路输出的交流电的波形、频率、电压、电流的幅值、相位等进行修正、补偿、调理，使之能满足使用需求。

(4) 控制电路。控制电路主要是为主逆变电路提供一系列的控制脉冲，来控制逆变开关器件的导通与关断，配合主逆变电路完成逆变功能。

(5) 辅助电路。辅助电路主要是将输入电压变换成适合控制电路工作的直流电压。辅助电路还包含多种检测电路。

(6) 保护电路。保护电路主要包括输入过压、欠压保护，输出过压、欠压保护，过载保护，过流和短路保护，过热保护等。

### 2. 三相并网逆变器

三相并网逆变器输出电压一般为交流 380 V 或更高电压，频率为 50/60 Hz，其中 50 Hz 为中国和欧洲标准，60 Hz 为美国和日本标准。三相并网逆变器多用于容量较大的光伏发电系统，输出波形为标准正弦波，功率因数接近 1.0。

三相并网逆变器的电路原理示意图如图 4-16 所示。电路分为主电路和微处理器电路两部分。其中主电路主要完成 DC-DC-AC 的转换和逆变过程。微处理器电路主要完成系统并网的控制过程。系统并网控制的目的是使逆变器输出的交流电压值、波形、相位等维持在规定的范围内，因此微处理器控制电路要完成电网、相位实时检测，电流相位反馈控制，光伏阵列最大功率跟踪以及实时正弦波脉宽调制信号发生等内容。具体工作过程如下：公用电网的电压和相位经过霍尔电压传感器送给微处理器的 A/D 转换器，微处理器将回馈电流的相位与公用电网的电压相位做比较，其误差信号通过 PID 运算器运算调节后送给 PWM

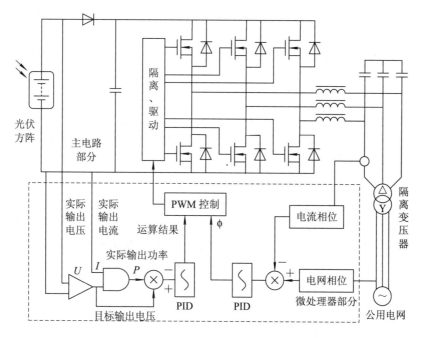

图 4-16　三相并网逆变器的电路原理示意图

脉宽调制器，这就完成了功率因数为 1 的电能回馈过程。微处理器完成的另一项主要工作是实现光伏阵列的最大功率输出。光伏阵列的输出电压和电流分别由电压、电流传感器检测并相乘，得到阵列输出功率，然后调节 PWM 输出占空比。这个占空比的调节实质上就是调节回馈电压大小，从而实现最大功率寻优。当 $U$ 的幅值变化时，回馈电流与电网电压之间的相位角也将有一定的变化。由于电流相位已实现了反馈控制，因此自然实现了相位和幅值的解耦控制，使微处理器的处理过程更简便。

### 3. 单相并网逆变器

单相并网逆变器输出电压为交流 220 V 或 110 V，频率为 50 Hz，波形为正弦波，多用于小型的用户系统。单相并网逆变器电路原理如图 4-17 所示。其逆变和控制过程与三相并网逆变器基本类似。

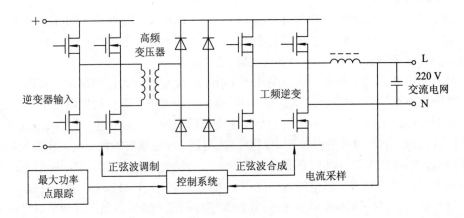

图 4-17  单相并网逆变器电路原理图

## 4.4.2  并网逆变器的功能
### 4.4.2  Function of Grid-connected Inverter

并网逆变器除具有离网逆变器的性能特点外，还具有最大功率跟踪控制、防孤岛效应、自动运行和停机、自动电压调整等功能。最大功率跟踪控制功能(MPPT)在项目 2 中有详细介绍，这里不再赘述。

### 1. 并网逆变器单独运行的检测与孤岛效应防止

在太阳能光伏并网发电过程中，由于太阳能光伏发电系统与电力系统并网运行，当电力系统由于某种原因发生异常而停电时，如果太阳能光伏发电系统不能随之停止工作或与电力系统脱开，则会向电力输电线路继续供电，这种运行状态被形象地称为"孤岛效应"。特别是当太阳能光伏发电系统的发电功率与负载用电功率平衡时，即使电力系统断电，光伏发电系统输出端的电压和频率等参数不会快速随之变化，使光伏发电系统无法正确判断电力系统是否发生故障或中断供电，因而极易导致"孤岛效应"现象的发生。"孤岛效应"对设备和人员的安全存在重大隐患，体现在以下几方面：

(1) 孤岛中的电压和频率无法控制，可能会对用电设备造成损坏。

(2) 孤岛中的线路仍然带电，会对维修人员造成人身危险。

(3) 当电网恢复正常时，电网电压和并网逆变器的输出电压在相位上可能存在较大差异，会在这一瞬间产生很大的冲击电流，从而损坏设备。有可能造成非同相合闸，导致线路再次跳闸，对光伏并网正弦波逆变器和其他用电设备造成损坏。

(4) 孤岛效应时，若负载容量与光伏并网器容量不匹配，会造成对正弦波逆变器的损坏。

(5) 孤岛状态下的光伏发电系统脱离了电力管理部门的监控，这种运行方式在电力管理部门看来是不可控和高隐患的操作。

因此，为了确保维修人员的安全，在逆变器电路中，检测出光伏系统单独运行状态的功能称为单独运行检测。检测出单独运行状态，并使太阳能光伏系统停止运行或与电力系统自动分离的功能就叫作单独运行停止或孤岛效应防止。

针对有可能发生的孤岛效应，并网逆变器一般会采用被动和主动两种方式进行防护：一是被动式防护，当电网中断供电时，会在电网电压的幅值、频率和相位参数上产生跳变信号，通过检测跳变信号来判断电网是否失电；二是主动式防护，对电网参数发出小干扰信号，通过检测反馈信号来判断电网是否失电。一旦并网逆变器检测并确定电网失电后，会立即自动运行"电网失电自动关闭功能"。当电网恢复供电时，并网逆变器会在检测到电网信号后持续 90 s，待电网完全恢复正常后才开始运行"电网恢复自动运行功能"。由于离网逆变器没有与电网产生关系，故不需要考虑这些；而并网逆变器要与电网发生作用，在设计中需要考虑到电网的因素，故在技术上要求比较高。并网逆变器区别于离网逆变器的一个重要特征是必须进行"孤岛效应"防护。

**2. 电压自动调整功能**

有剩余电力逆流入电网时，因电力逆向输送而导致送电点电压上升，有可能超过商用电网的运行范围，为保持系统电压正常，运转过程中要能够自动防止电压上升。与离网逆变器相比，并网逆变器不仅要保证低的输出电压谐波畸变率和高效率，而且要求输出电压与电网电压大小、相位一致，更重要的是必须保证有低的进网电流谐波畸变率，以免对电网造成污染。

### 4.4.3　并网逆变器的主要技术参数
#### 4.4.3　Main Technical Parameters of Grid-connected Inverter

(1) 额定输出电压。光伏逆变器在规定的输入直流电压允许的波动范围内，应能输出额定的电压值。

(2) 负载功率因数。负载功率因数大小表示逆变器带感性负载的能力，在正弦波条件下负载功率因数为 0.7～0.9。

(3) 额定输出电流和额定输出容量。额定输出电流是指在规定的负载功率因数范围内逆变器的额定输出电流，单位为 A；额定输出容量是指当输出功率因数为 1(即纯电阻性负载)时，逆变器额定输出电压和额定输出电流的乘积，单位是 kV·A 或 kW(注意：非电阻性负载时，逆变器的 kV·A 数不等于 kW 数)。

(4) 额定输出效率。额定输出效率是指在规定的工作条件下，输出功率与输入功率之比，通常应在 70%以上；逆变器的效率会随负载的大小而改变，当负载率低于 20%和高于 80%时，效率要低一些；标准规定逆变器输出功率在大于等于额定功率的 75%时，效率应大于等于 80%。

**新要求**

**并网逆变器**

随着电池片和光伏组件技术的不断发展，组件的标称功率也从 400W+不断突破到 500W+、再到 600W+。目前，高功率组件已成为行业主流，在应用上具备诸多优势，从系统角度看，其对提升发电效率，节省支架用量、直流电缆用量及人工成本等方面都产生积极影响。光伏组件技术革新对逆变器适配也提出了新的要求，因此，配置高功率组件的逆变器需要满足以下几点要求：

**1. 具备更高的组串或 MPPT 电流**

如果配置的逆变器 MPPT 电流较小，逆变器工作过程中会限制输入电流，导致发电量损失。因此，配置高功率组件的逆变器首先需要具备高组串或 MPPT 电流输入能力。

**2. 硬件具备高功率组件的承载性能**

光伏组件能量通过直流线缆输送到逆变器输入端，并通过 DC 连接器、内部线缆、PCB、功率管等电子器件逐步传导并转化为交流电输出。因此，大电流意味着逆变器整体硬件设计需要重新评估和验证，以满足长时且持续的大电流承载要求。

**3. 具备更有效的直流保护机制**

高功率光伏组件最主要的问题是工作电流提升较大，根据功耗公式，功耗与电流的平方成正比，大电流导致异常状态下的直流发热更加严重。因此，充分的直流保护机制是光伏系统安全可靠运行的关键，在高功率组件匹配下更为重要。逆变器应具备丰富的直流保护机制，如 AFCI 功能、直流分断器、防反接保护、在线组串监控和 I-V 曲线扫描功能等。

高功率组件逐步成为光伏市场主流，随着高功率组件技术变革，逆变器也将紧跟变革步伐，更好地适配组件性能，转化组件能量，提升整体效益，保障系统安全。

## 4.5 防雷与接地设计

4.5 Lightning Protection and Grounding Design

雷电是因强对流气候形成的雷雨云层间或云层与大地间强烈瞬间放电现象，如图 4-18 所示。人类目前还无法控制和阻止它的发生，但可以预防或减少雷电造成的财产损失和人、畜伤亡。由于光伏发电系统的系统结构、安装位置和周围环境的特殊性，容易遭受雷电所引起的损害。因此，对光伏发电系统进行深入的防雷研究并在此基础上采取相应的防护措施，将会提高整个发电系统的可靠性，降低运营成本，从而促进光伏发电产业发展。

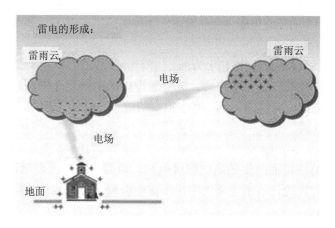

图 4-18　雷电的形成

## 4.5.1　雷电的形成与基本形式

## 4.5.1　Formation and Basic Form of Lightning

**1. 雷电的形成**

雷电发展过程可以分为气流上升、电荷分离和放电三个阶段。对地放电的雷云大多为负雷云。随着负雷云中负电荷的积累，其电场强度逐渐增加，当达到一定强度时开始向下方梯级式跳跃放电称为下行先导放电，当下行先导逐渐接近地面物体并达到一定距离时，地面物体在强电场作用下产生尖端放电，形成上行先导，朝着下行先导方向发展，两者会合即形成雷电通道，随之开始主放电，接着是多次余辉放电，天空中出现蜿蜒曲折、枝杈纵横的巨大电弧，形成常见的云对地线状雷电，如图 4-19 所示。这种负极性下行先导雷击约占全部对地雷击的 85%。

图 4-19　雷电发生时景象

**2. 雷电过电压的基本形式**

雷电过电压的基本形式主要有直击雷过电压(直击雷)、感应过电压(感应雷)和雷电波侵入。

1) 直击雷过电压(直击雷)

雷电直接击中地面电器设备、线路或建筑物，强大的雷电流通过物体泄入大地，在该物体上产生较高的电位降，称为直击雷过电压。其通过被击物体时将产生有破坏作用的热效应和机械效应，相伴的还有电磁效应和对附近物体的闪络放电(称为雷电反击或二次雷击)。

2) 感应过电压(感应雷)

当雷云在架空线路(或其他物体)上方时，由于雷云的先导作用，使架空线路上感应出先导通道符号相反的电荷。雷云放电时，先导通道中的电荷迅速中和，架空线路上的电荷被释放，形成自由电荷流向线路两端，产生很高的过电压(高压线路可达几十万伏，低压线路可达几万伏)。

3) 雷电波侵入

由于直击雷或感应雷而产生的高电位雷电波，沿架空线路或金属管道侵入变(配)电所或用户而造成危害。据统计，供电系统中由于雷电波侵入而造成的雷害事故，在整个雷害事故中占 50%以上。

### 4.5.2　防雷系统基础知识
#### 4.5.2　Basic Knowledge of Lightning Protection System

按照防雷技术理论基础，防雷系统由外部防雷系统、内部防雷系统和过电压保护系统组成。外部防雷系统由接闪器、引下线和接地装置 3 部分组成；内部防雷系统主要由防雷器和接地装置两部分组成。

**1. 接闪器**

接闪器位于防雷装置的顶部，其作用是利用其高出被保护物的突出地方把雷电引向自身，承接直击雷放电。常见接闪器有独立避雷针；直接装设在建筑物上的避雷针、避雷带或避雷网；屋顶上的永久性金属物及金属屋面；混凝土构件内钢筋等各形式或组合形式。

1) 避雷针

避雷针是用来保护建筑物等避免雷击的装置。在高大建筑物顶端安装一根金属棒，用金属线与埋在地下的一块金属板连接起来，利用金属棒的尖端放电，使云层所带的电和地上的电逐渐中和，从而避免事故发生。避雷针规格必须符合 GB 标准，每一个级别的防雷需要的避雷针规格都不一样。

单只避雷针保护范围如图 4-20 所示，其大小与它的高度有关，一定高度的避雷针下面有一个安全区，其保护半径为避雷针高度的 1.5 倍(如图 4-20 所示，阴影部分为未受保护区)，即

$$r = 1.5h$$

式中，$r$ 为避雷针在地面上的保护半径，单位是 m；$h$ 为避雷针的高度，单位是 m。当单只避雷针无法大范围保护时，需采用双针或多针保护。

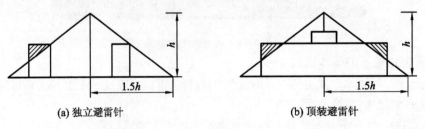

(a) 独立避雷针                    (b) 顶装避雷针

图 4-20　单只避雷针的保护范围

2) 避雷线

避雷线悬于线路相导线、变电站设备或建筑物之上，用于屏蔽相导线，直接拦截雷击并将雷电流迅速泄入大地的架空导线，又称为架空地线，一般架设在塔杆顶部。避雷线实物图如图 4-21 所示。

图 4-21　避雷线实物

3) 避雷带和避雷网

当受建筑物造型或施工限制不便直接使用避雷针或避雷线时，可在建筑物上设置避雷带或避雷网来防止雷击，如图 4-22 所示。避雷带和避雷网的工作原理与避雷针和避雷线类似。

避雷带是用圆钢或扁钢制成的长条带状体，常装设在建筑物易受直接雷击的部位，如屋脊、屋槽(有坡面屋顶)、屋顶边缘及女儿墙或平屋面上。避雷带应保持与大地良好的电气连接，当雷云的下行先导向建筑物上的这些易受雷击部位发展时，避雷带率先接闪，承受直接雷击，将强大的雷电流引入大地，从而使建筑物得到保护。用于构成避雷带的圆钢直径应不小于 8 mm，扁钢的截面面积应不小于 48 mm$^2$，且厚度不小于 4 mm。为了能尽量对那些不易受到雷击的部位也提供一定的保护，避雷带一般要高出屋面 0.2 m，两条平行的避雷带之间的距离应不大于 10 m。在采用避雷带对建筑物进行防雷保护时，当遇到屋顶上有烟囱或其他突出物时，还需要另设避雷针或避雷带加以保护。

图 4-22　避雷带示意图

避雷网实际上是纵横交错的避雷带叠加在一起的。在建筑物上设置避雷网，可以实施对建筑物的全面防雷保护。

## 2．引下线

引下线指连接接闪器与接地装置的金属导体，如图 4-23 所示。防雷装置的引下线应满足机械强度、耐腐蚀和热稳定的要求。引下线一般采用圆钢或扁钢，要求镀锌处理。引下线应沿建筑物外墙敷设，并经最短路径接地。采用圆钢时，直径应不小于 8 mm；采用扁钢时，其截面面积不小于 48 mm$^2$，厚度不小于 4 mm。暗装时，应将截面放大一级。

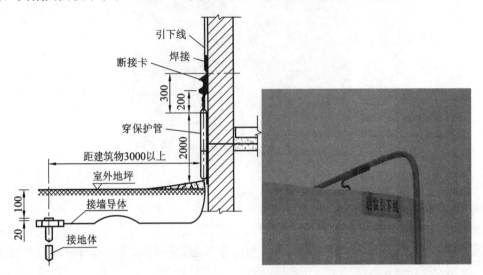

图 4-23 引下线(单位：mm)

## 3．接地装置

无论是工作接地还是保护接地，都是经过接地装置(见图 4-24)与大地连接的，促使雷电流向大地均匀泄放，使防雷装置对地不至于过高。接地装置包括接地体和接地线两部分，它是防雷装置的重要组成部分。

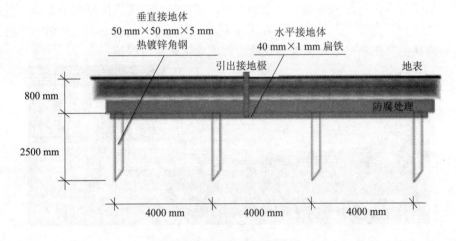

图 4-24 接地装置

## 4．防雷器

防雷器是一种能释放过电压能量、限制过电压幅值的设备，也称为避击器、过电压保护器、浪涌保护器、电涌保护器，如图 4-25 所示。其工作原理是低压时呈现高阻开路状态，高压时呈现低阻短路状态。当出现过电压时，防雷器两端子间的电压不超过规定值，使电气设备免受过电损坏；在过电压作用后，又能使系统迅速恢复正常状态，起到防护雷电波侵入作用。一般将防雷器与被保护设备并联，安装在被保护设备的电源侧。

图 4-25  各种防雷器外形图

### 4.5.3  光伏发电系统防雷设计
### 4.5.3  Lightning Protection Design of Photovoltaic System

在光伏发电系统的防雷设计中，应将外部防雷和内部防雷结合起来，作为一个统一的整体。充分考虑到直击雷、感应雷、雷电侵入波对发电系统的影响，从光伏阵列的输入端至最终用户，每一级都有针对性地采取合理、有效的防雷措施，设立避雷装置，为光伏发电系统的安全、稳定运行提供重要保障。

**1. 简易型光伏发电系统防雷设计**

简易型光伏发电系统以其供电稳定可靠，安装方便，操作、维护简单等特点，已得到越来越广泛的应用。该发电系统多用于城市独立的照明系统、高速公路路牌指示系统、城市交通信号指示系统、城市路灯系统、高速公路显示系统等。简易型光伏发电系统防雷设计如图 4-26 所示。

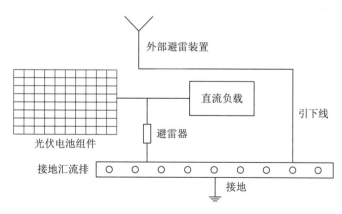

图 4-26  简易型光伏发电系统防雷设计

(1) 在设备的外部做简易避雷装置，以保护光伏电池组件及用电设备不被直击雷击中。

(2) 对设备与光伏电池组件之间的供电线路加装避雷器，型号根据直流负载的工作电压选择。

(3) 避雷装置的引下线以及避雷器的接地线都必须良好地接地，以达到快速泄流的目的。

**2. 复杂型光伏发电系统防雷设计**

复杂型光伏发电系统防雷设计，采用多级综合防雷系统的防护，如图 4-27 所示，实现了外部防雷、内部防雷的综合防护，避免了雷电造成的雷击及过电压风险，保证光伏发电系统的安全。外部防雷系统主要指防止光伏电站中的光伏电池组件、直流配电线路、低压配电线路和机房遭到直击雷的侵袭。防雷设备主要采用避雷针，通过计算合理地选择防雷设备，达到对户外光伏电站的光伏阵列进行有效防护的目的。内部防雷是指室内电气设备、金属管道、电缆金属外皮免遭雷电波的袭击，防雷设备主要采用避雷器与避雷带等避雷装置。

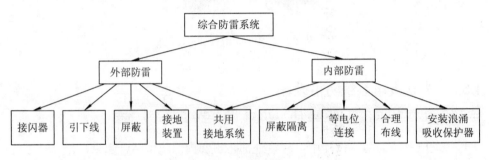

图 4-27　综合防雷系统

## 4.5.4　光伏发电系统的接地设计

### 4.5.4　Grounding Design of Photovoltaic System

为保证光伏发电系统正常运行，要求所有电气设备均采取接地，所有接地均应连接在一个总的接地体上，接地电阻应满足其中最小值的要求。同时要求每台设备的接地必须用单独接地线与接地体相连接，不允许将几个应接地的设备互相串接后，再用一根接地线与接地干线或接地体相连接，如图 4-28 所示。

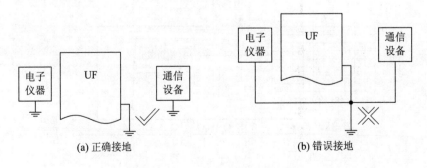

图 4-28　接地方式对照示意图

　　光伏发电系统一般无法利用自然接地体，需要埋设人工接地体，如图 4-29 所示。人工接地体分为垂直接地体、水平接地体及复合接地体，光伏发电系统最好采用复合接地体。接地体由角钢、圆钢、钢管和扁钢等组成。为了避免光伏阵列、供配电系统和架空线输电系统之间的地电位反击，需将光伏电池板四周铝合金边框、支架、供配电设备外壳保护接地，架空电线杆接地等采用环形等电位连接接地。只有这样，才能保证光伏电站长期稳定、安全、可靠地运行。

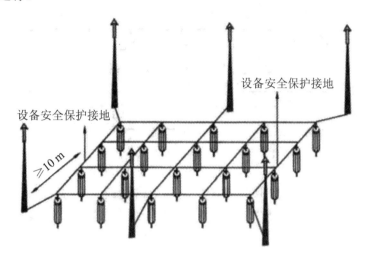

图 4-29　人工接地体

　　光伏发电系统接地体的接地电阻宜小于 4 Ω，接地体埋设深度不应小于 0.5 m，冻土带应埋设在冻土层以下。防直击雷引下线与安全保护地引下线在地网上的接地点应相距 10 m以上，以防地电位反击。接地体埋设示意图如图 4-30 所示。

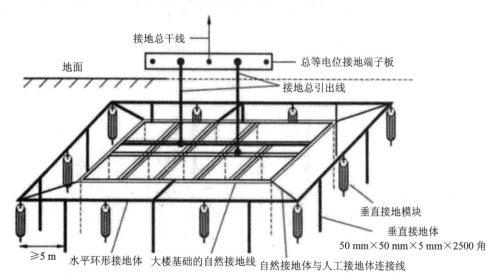

图 4-30　接地体埋设示意图

## 4.6 并网接入设计

4.6 Design of Grid-connected Access

### 4.6.1 光伏电站等级及并网要求

4.6.1 Photovoltaic Grade and Grid-connected Requirements

实际上,光伏电站等级划分并没有绝对标准,往往会根据电站规模的发展而变动。目前国际能源署对于光伏电站等级分类方法是:容量小于 100 kW 为小规模;容量为 100 kW～1 MW 为中规模;容量为 1～10 MW 为大规模;容量为 10 MW 以上为超大规模。

按照国家电网发展(2009)747 号文《国家电网公司光伏电站接入电网技术规定(试行)》,综合考虑不同电压等级电网的输配电容量、电能质量等技术要求,根据光伏电站接入电网的电压等级,可分为小型、中型或大型光伏电站,具体如下:

(1) 小型光伏电站——接入电压等级为 0.4 kV 低压电网的光伏电站。

(2) 中型光伏电站——接入电压等级为 10～35 kV 电网的光伏电站。

(3) 大型光伏电站——接入电压等级为 66 kV 及以上电网的光伏电站。

小型光伏电站的装机容量一般不超过 200 kW。根据是否允许通过公共连接点向公共电网送电,可分为可逆和不可逆两种接入方式。

光伏电站向当地交流负载提供电能和向电网发送电能的质量,在谐波、电压偏差、电压不平衡度、直流分量、电压波动和闪变等方面应满足国家相关标准。

### 4.6.2 光伏系统的并网类型

4.6.2 Grid-connected Type of Photovoltaic System

#### 1. 单机并网

对于功率不大的并网光伏系统,可以将太阳能电池组件经串、并联后,直接与单台逆变器连接,逆变器的输出经过计量电表后,接入电网,同时可以通过 RS-485/232 通信接口和个人计算机(PC)连接,记录和储存运行参数。

这种类型的并网方式特别适合于功率为 1～5 kW 的光伏系统。屋顶上安装的户用光伏系统常常采用这种连接方式。

#### 2. 多支路并网

多支路并网方式适合应用于系统功率较大且整个太阳能电池阵列的工作条件并不相同的情况,如有的太阳能电池子阵列有阴影遮挡、各个光伏子阵列的倾角或方位角并不相同,或有多种型号、不同电压的光伏子阵列同时工作。这时,可以采取每个太阳能电池子阵列配备一台逆变器,输出端通过计量电表后接入电网。

所配备的并网逆变器可以有不同规格,再通过 CAN 总线获取每台逆变器的运行参数、发电量和故障记录,也可以通过 RS-485/232 通信接口与 PC 连接。这种类型的并网方式应用很广,特别是在光伏与建筑相结合(BIPV)的系统中,为了满足建筑结构的要求,常常会使得各个太阳能电池子阵列的工作条件各不相同,因此只能采用这种连接方式。

### 3．并联并网

并联并网方式适用于大功率光伏并网系统，要求每个子阵列具有相同功率和电压的组件串、并联，而且太阳能电池子阵列的安装倾角也都一样。这样可以连接多个逆变器并联运行。当早晨太阳辐射强度还不很大时，数据采集器先随机选中一台逆变器投入运行，当照射在阵列面上的太阳辐射强度逐渐增加时，在第一台逆变器接近满载时再投入另一台逆变器，同时数据采集器通过指令将逆变器负载均分；太阳辐射强度继续增加时，其他逆变器依次投入运行；日落时数据采集器指令逐台退出逆变器。逆变器的投入和退出完全由数据采集器依据太阳能电池阵列的总功率进行分配，这样可最大限度地降低逆变器低负载时的损耗。同时由于逆变器轮流工作，不必要时不投入运行，从而大大延长了逆变器的使用寿命。荒漠光伏电站或在空旷处安装的光伏电站都可以采用这种连接方式。

## 4.6.3　并网接入电网要求

### 4.6.3　Requirements of Grid-connected to Power Grid

#### 1．电能质量问题

向电网发送电能的质量应满足国家相关标准，光伏电站接入电网前应明确上网电量和用网电量计量点，对于大、中型光伏电站，电能质量数据需远传到电网企业并对电能质量进行监控；对于小型光伏电站，电能质量数需存储一年以上供电网企业随时调用。

#### 2．功率控制和电压调节问题

考虑功率控制和电压调节，大、中型光伏电站应具有限制输出功率变化率的能力，按照电网调度机构远程设定的调节方式、参考电压、电压调差率等参数参与电网电压调节，启动时输出的、停机时切除的有功功率变化不超过所设定的最大功率变化率。

#### 3．电网异常响应问题

考虑电网异常时的响应特性，具有电网异常时的响应特性能力，小型光伏电站在并网点处的电压允许偏差表中规定的电压范围时，应停止向电网线路送电。大、中型光伏电站应避免在电网电压异常时脱离，引起电网电源的损失。当并网点电压在图中电压轮廓线及以上的区域内时，光伏电站必须保证不间断并网运行，具有耐受系统频繁异常的能力。对于小型光伏电站，当并网点频率超过 49.5～50.2 Hz 范围时，应在 0.2 s 内停止向电网线路送电。如果在指定的时间内频率恢复到正常的电网持续运行状态，则无须停止送电。大、中型光伏电站应具备一定的耐受系统频率异常的能力，应能够在电网频率偏离范围内运行。小型光伏发电站并网点电压在不同的运行范围内时，光伏发电站在电网电压异常时的响应要求应符合表 4-1 的规定。

表 4-1　光伏发电站在电网电压异常时的响应要求

| 并网点电压 | 最大分闸时间 |
|---|---|
| $U<50\%U_N$ | 0.1 s |
| $50\%U_N \leqslant U \leqslant 85\%U_N$ | 2.0 s |
| $85\%U_N \leqslant U \leqslant 110\%U_N$ | 连续运行 |
| $110\%U_N \leqslant U \leqslant 135\%U_N$ | 2.0 s |
| $135\%U_N \leqslant U$ | 0.05 s |

大、中型光伏发电站应具备一定的耐受电网频率异常的能力。大、中型光伏发电站在电网频率异常时的运行时间要求应符合表 4-2 的规定。

**表 4-2　大、中型光伏发电站在电网频率异常时的运行时间要求**

| 电网频率 | 运行时间要求 |
|---|---|
| $f<48$ Hz | 根据光伏电站逆变器允许运行的最低频率或电网要求而定 |
| 48 Hz$\leqslant f\leqslant$49.5 Hz | 每次低于 49.5 Hz 时要求至少能运行 10 min |
| 49.5 Hz$\leqslant f\leqslant$50.2 Hz | 连续运行 |
| 50.2 Hz$<f\leqslant$50.5 Hz | 每次频率高于 50.2 Hz 时，光伏发电站应具备能够连续运行 2 min 的能力，但同时具备 0.2 s 内停止向电网送电的能力，实际运行时间由电网调度机构决定；不允许处于停运状态的光伏电站并网 |
| $f\geqslant$50.5 Hz | 在 0.2 s 内停止向电网送电，且不允许停运状态的光伏发电站并网 |

**4．安全与保护问题**

考虑光伏电站的过流与短路保护能力，光伏电站需具备一定的过电流能力，在 120%额定电流以下，光伏电站连续可靠工作时间应不小于 1 min；在 120%～150%额定电流内，光伏电站连续可靠工作时间应不小于 10 s。当检测到电网发生短路时，光伏电站向电网输出的短路电流应不大于额定电流的 150%。光伏电站必须具备快速监测孤岛且立即断开与电网连接的能力，其防孤岛保护应与电网侧线路保护相配合。光伏电站的防孤岛保护必须同时具备主动式和被动式两种保护方式，应至少分别设置一种主动和被动防孤岛保护。某些用户侧并网的光伏系统要求不得向高压电网输送电流(逆向电流)，这种光伏系统则应配置逆向功率保护设备。当检测到逆向电流超过额定输出的 5%时，光伏电站应在 0.5～2 s 内停止向电网线路送电。系统发生扰动后，在电网电压和频率恢复正常范围之前光伏电站不允许并网，且在系统电压频率恢复正常后，光伏电站需要经过一个可调的延时时间后才能重新并网，这个延时一般为 20 s～5 min，具体取决于当地条件。

**5．防雷与接地问题**

光伏电站和并网点设备的防雷和接地应符合 SJ/T 11127《光伏(PV)发电系统过电压保护——导则》中的规定，不得与市电配电网公用接地装置。光伏电站并网点设备应按照 IEC60364-7-712《建筑物电气装置第 7-712 部分：特殊装置或场所太阳光伏(PV)发电系统的要求》接地/接保护线。光伏电站应具有适当的抗电磁干扰的能力，应保证信号传输不受电磁干扰，执行部件不发生误动作。同时，设备本身产生的电磁干扰不应超过相关设备标准。光伏电站的设备必须满足相应电压等级的电气设备耐压标准。当并网点的闪变值满足 GB12326—2008《电能质量电压波动和闪变》、谐波值满足 GB/T14549—1993《电能质量　公用电网谐波》、三相电压不平衡度满足 GB/T15543—2008《电能质量　三相电压不平衡》的规定时，光伏电站应能正常运行。

**6．电站监控问题**

考虑电站监控和数据远传，大、中型光伏电站必须具备与电网调度机构之间进行数据通信的能力，并网双方的通信系统应以满足电网安全经济运行对电力通信业务的要求为前提，满足继电保护、安全自动装置、调度自动化及调度电话等业务对电力通信的要求。光伏电站与电网调度机构之间通信方式和信息传输由双方协商一致后作出规定，包括互相提供的模拟和开/断信号种类、提供信号的方式和实时性要求等。一般采用基于 IEC-60870-5-101/IEC-60870-5-104 通信协议，向电网调度机构提供的信号至少应包括电站并网状态、辐照度，电站有功和无功输出、发电量、功率因数、并网点的电压和频率、注入电力系统的电流、变压器分接头挡位、主断路器开关状态、故障信息等，大、中型光伏电站必须具备与电网调度机构之间进行数据通信的能力。

## 4.7　任务实施

4.7 Implementation of Task

### 4.7.1　系统方案设计

4.7.1　System Design

系统方案设计框图如图 4-31 所示，包括光伏阵列、汇流箱、直流配电柜、并网逆变器以及交流配电柜等。其中光伏阵列由太阳电池组件、基座、支撑结构、防护设施、内部电气连接和接地等组成。直流电经汇流箱汇流至直流配电柜，直流配电柜将汇流箱输出的直流电能进行二次汇流，分别通过并网逆变器将光伏阵列的直流电转换为交流电，然后通过交流配电柜接至并网接口。并网接口具有可扩展性，用户可以将系统产生的电能供大厦日常使用，也可以将电能通过双向计量电表卖给电网公司。主控和监控可以监控电站内各部分的运行数据和工作状态，以及历史数据记录和故障信息，同时还可以和环境监测设备进行通信，了解现场的日照强度、温度等情况。

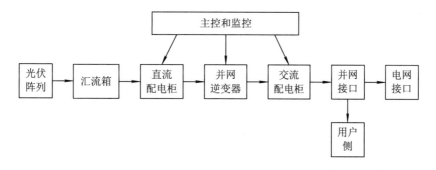

图 4-31　系统方案设计框图

### 4.7.2　设计依据

4.7.2　Design Basis

项目设计参照了现有国家标准及国家对光伏系统、电网接入的相关规定，无国家标准及规定的，参照国际标准执行。本项目的设计符合如下标准及规范：

(1) GB/T 6497—1986《地面用太阳电池标定的一般规定》。

(2) GB/T 19939—2005《光伏并网技术要求》。

(3) GB/T 20046—2006《光伏(PV)系统电网接口特性》。

(4) IEC61646：2008《地面用薄膜光伏组件——设计鉴定和定型》。

(5) GB/T 18479—2001《地面用光伏(PV)发电系统概述和导则》。

(6) GB/T 50054—1995《低压配电设计规范》。

(7) GB/T 50094—1997《建筑物防雷设计规范》。

(8) GB/T 50146—1992《混凝土质量控制标准》。

(9) GB/T 50168—1992《电气装置安装工程电缆线路施工及验收规范》。

(10) GB/T 50169—1992《电气装置安装工程接地装置施工及验收规范》。

(11) GB/T 50202—2002《建筑地基基础工程施工质量验收规范》。

(12) GB/T 50205—2001《钢结构工程施工质量验收规范》。

(13) GB/T 50258—1996《电气装置安装工程 1 kV 及以下配线工程施工及验收规范》。

(14) GB/T 50009—2001《建筑物荷载规范》。

(15) GB/T 15543—2008《电能质量 三相电压不平衡》。

(16) GB/T 14549—1993《电能质量 公用电网谐波》。

(17) GB 4208 外壳防护等级(IP 代码)(equ IEC 60529:1998)。

(18) GB/Z 19964—2005《光伏发电站接入电力系统技术规定》。

(19) SJ/T 11127—1997《光伏发电系统过电保护——导则》。

(20) IEC 61724：1998《光伏系统性能监测——测量、数据交换和分析导则》。

(21) 《太阳能光伏电源系统安装工程施工及验收技术规范》。

(22) 国家电网公司 {2009}747 号《光伏电站接入电网技术规定(试行) 》。

(23) 《建筑物电子信息系统防雷技术规范》。

### 4.7.3　光伏系统的容量设计
### 4.7.3　Capacity Design of Photovoltaic System

4-2　光伏电站的选址

**1. 地理环境分析**

项目所在地为天津市，属于温暖带大陆性季风气候，其经、纬度为：北纬 38°52′，东经 116°49。历年各月极端高气温 39.9℃，历年各月极端低气温−17℃，多年平均气温为 11.9℃，最低月平均气温为−4.8℃(1 月)，最高月平均气温为 26.2℃(7 月)。历年年平均相对湿度为 60.7%。年平均日照时数为 2699.11h，历年各月日照时数最长月份出现在 5 月，为 10.1 小时，最短月份在 12 月，为 5.6 小时。

根据所在地区日照时间的长短，我国光资源分布划分为五类(项目一中有详细介绍)，天津被划分为三类地区。三类地区的年日照时数为 2200～3000 h；年辐射总量为 5000～5850 MJ/m²，属于太阳能资源较丰富地区。

**2. 光伏阵列设计**

光伏阵列的设计应该遵循以下原则：

(1) 阵列朝向选择：为了使阵列全年接受光照射的时间最长，选择的朝向为正南。

(2) 光伏阵列前后间距的确定原则：冬至当天早 9:00 至下午 3:00，太阳能光伏阵列不应该被遮挡，阵列前后间距计算方法参考本书项目 3.4 节。

光伏阵列需要根据楼顶或者电站安装地点地形进行设计。方案中，参照中心大厦建筑的屋顶平面图，预留出建筑上透光的部分，以及屋顶表面的设备房顶的位置，并预留出 5000 m² 作为设备和排风的安装用地，其余部分按照 5° 的倾角安装电池组件。根据楼顶可安装组件的面积设计光伏阵列总容量为 1.7 MW，为了方便接线和减少电力传输损失，整体电站分为 8 个 200 kW 左右的光伏阵列区和一个 100 kW 左右的光伏阵列区，每个阵列区配有相互独立的直流配电柜、交流配电柜和逆变器，电站的系统方案如图 4-32 所示。

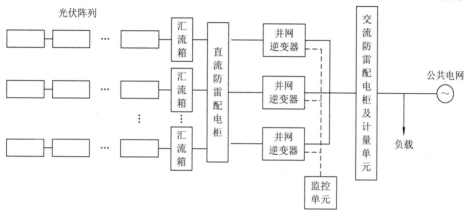

图 4-32  电站方案原理图

### 3. 光伏组件选型

#### 1) 太阳电池组件或阵列的形状与尺寸的确定

在项目 3 中，太阳电池组件或阵列的设计计算时，虽然根据用电量或计划发电量计算出了电池组件或整个阵列的总容量和功率，确定了电池组件的串、并联数量，但是还需要根据太阳能电池的具体安装位置来确定电池组件的形状、外形尺寸以及整个阵列的整体排列等。有些异型和特殊尺寸的电池组件还需要向生产厂商定制。

大型并网电站中组件的选型可以根据客户需要进行选择，或者根据市场需求等其他客观条件进行。本方案选择了非晶硅太阳电池组件作为项目中电站的光伏组件，组件的参数如表 4-3 所示。

表 4-3  组件参数

| 组 件 参 数 | |
| --- | --- |
| 输出功率 | 40 W |
| 最大输出功率时的电压 | 46 V |
| 最大输出功率时的电流 | 0.87 A |
| 开路电压 | 61 V |
| 短路电流 | 1 A |
| 最大系统电压 | 1000 V |
| 长度 | 1245 mm |
| 宽度 | 635 mm |

续表

| 组 件 参 数 | |
|---|---|
| 厚度 | 7 mm |
| 重量 | 13 kg |
| 功率温度系数，%/℃ | −0.19 |
| 电压温度系数，%/℃ | −0.28 |
| 电流温度系数，%/℃ | 0.09 |

2) 光伏阵列串、并联设计

光伏阵列是根据负载需要将若干个组件通过串联和并联进行组合连接，得到规定的输出电流和电压，为负载提供电力的。阵列的输出功率与组件串、并联的数量有关，串联是为了获得所需要的工作电压，并联是为了获得所需要的工作电流。

一般独立光伏系统电压往往被设计成与蓄电池的标称电压相对应或者是它的整数倍，而且与用电器的电压等级一致，如 220 V、110 V、48 V、36 V、24 V 和 12 V 等。交流光伏发电系统和并网光伏发电系统阵列的电压等级往往为 110 V 或 220 V，甚至更高。对电压等级更高的光伏发电系统，则采用多个阵列进行串、并联，组合成与电网等级相同的电压等级，如组合成 600 V、1 kV 等，再通过逆变器后与电网连接。

光伏阵列所需要串联的组件数量，主要由系统的工作电压或逆变器的额定电压来确定，同时要考虑蓄电池的浮充电压、线路损耗以及温度变化等因素。一般对于带蓄电池的光伏发电系统，阵列的输出电压为蓄电池组标称电压的 1.43 倍；而对于不带蓄电池的光伏发电系统，在计算阵列的输出电压时一般将其额定电压提高 10%，再选定组件的串联数。

例如，一个组件的最大输出功率为 108 W，最大工作电压为 36.2 V，设选用逆变器为交流三相，额定电压为 380 V，逆变器采取三相桥式接法，则直流输出电压 $U_P = U_{ab}/0.817 = 380 \text{ V}/0.817 \approx 465 \text{ V}$。然后再来考虑电压富余量，光伏阵列的输出电压应增大到 $1.1 \times 465 \text{ V} \approx 512 \text{ V}$，则计算出组件的串联数为 512 V/36.2 V≈14 块；从系统输出功率来计算电池组件的总数，假设负载要求功率 30 kW，则组件总数为 30 000 W/108 W≈277 块，从而计算出组件并联数为 277/14≈19.8，可选取并联数为 20 块。因此，该系统应选择上述功率组件 14 串联、20 并联，组件总数为 14 × 20 = 280 块，系统输出最大功率为 280 × 108 W = 30.24 kW。

设计方案中选用逆变器为交流三相，额定电压为 380V，逆变器采用三相桥式接法，则输出电压 $U_P = U_{ab}/0.817 = 380 \text{ V}/0.817 \approx 465 \text{ V}$，再考虑电压富余量，光伏阵列的输出电压应增大到 $1.1 \times 465 \text{ V} \approx 512 \text{ V}$，电池组件的峰值电压为 46 V，则计算出组件的串联数为 512 V/46 V = 11.13，则需要串联 12 块电池板，如图 4-33 所示。

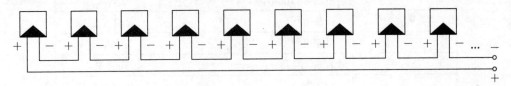

图 4-33　组件的串联示意图

太阳电池阵列中每 12 块组件为一串，12 × 46 V = 552 V，然后每 16 串为一并联串，每 6 个并联串再并联输出，接入直流防雷配电柜。整体设计中，共安装容量为 1715.52 kW 的电池阵列，共需太阳能电池组件块 42 888 块。

### 4.7.4    光伏系统的结构设计
### 4.7.4    Structural Design of Photovoltaic System

#### 1. 光伏阵列倾角与间距设计

光伏电站建成后要有阵列的自排水系统，同时电站建成后需要有一个很好的鸟瞰效果，因此按照 5° 的倾角进行太阳电池的安装设计。由于建筑女儿墙的具体高度未确定，因此设计了将阵列整体架高使其与屋顶表面设备房等高，以及将电站安装在屋顶平面两种安装方式。具体设计参数如下：光伏阵列倾角为 5°，阵列间距为 0.6 m，占地面积为 42 888 m$^2$。

#### 2. 光伏支架设计

光伏支架结构示意图如图 4-34 所示。其由支架基座、槽钢底框、角钢支架等组成。光伏支架系统槽钢具有齿牙和加强筋，配合同样具有齿牙的连接扣件，能够形成齿轮式啮合节点，保证拼装节点受剪可靠，防止滑移，并且保证事故工况下是塑性破坏而非刚性破坏。加强筋加强槽钢强度，利于运输及切割，所用锁扣为一体成型设计，非弹簧螺母形式。

支架表面采用热浸镀锌处理，热浸镀锌厚度≥60 μm，支架结构设计能承受基本风压 0.85 kN/m$^2$，能承受基本雪压 0.6 kN/m$^2$，能抗 7 级地震。

在楼顶采用水泥压块自重式安装方式，不对楼顶打孔、不破坏原有楼顶的建筑结构，对防水层没有任何的破坏。

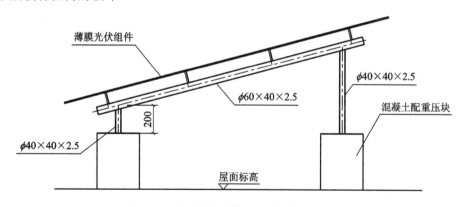

图 4-34    光伏支架结构示意图(单位：mm)

### 4.7.5    光伏系统的电气设计
### 4.7.5    Electrical Design of Photovoltaic System

#### 1. 光伏汇流箱设计

为了减少直流侧电缆的接线数量，提高系统的发电效率，本项目方案中使用了光伏阵列汇流箱，其主要作用是将一定数量的电池阵列汇流成 1 路直流输出。每路电池阵列输入回路配置了耐压 1000 V 的高压熔丝和光伏专用防雷器，并可实现直流输出手动分断功能，汇流箱内部结构如图 4-35 所示。

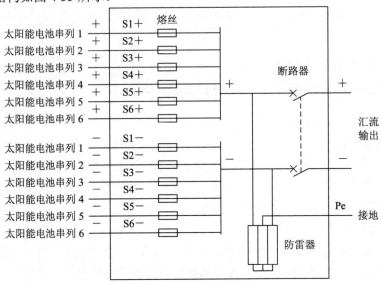

图 4-35　汇流箱内部结构

本系统共选用一级汇流箱 224 台，二级汇流箱 38 台。

### 2. 光伏直流配电柜设计

光伏阵列通过汇流箱汇流到直流配电柜的正极和负极输入端，各路直流输入通过直流配电柜的正极母排和负极母排集中汇流，然后通过直流专用断路器输出到直流输出端，接入逆变器的直流输入端，如图 4-36 所示。各路直流输入端都安装有隔离二极管和直流断路器，直流母线的正极和负极上加装直流专用防雷器、直流电压表和直流电流表，更好地保护后端的光伏并网逆变器和直观监视直流状态。本项目方案选用 200 kW 直流防雷配电柜 8 台，100 kW 直流配电柜 1 台。

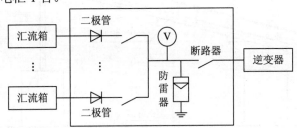

图 4-36　直流防雷配电柜原理图

### 3. 光伏逆变器设计

1) 并网逆变器的选型原则

(1) 容量匹配设计：并网系统设计中，要求电池阵列与所接逆变器的功率容量相匹配，一般的设计思路为电池阵列功率 = 组件标称功率 × 组件串联数 × 组件并联数。在容量设计中，并网逆变器的最大输入功率应近似等于电池阵列功率，以实现逆变器资源的最大化利用。

(2) MPPT 电压范围与电池组电压匹配：根据太阳能电池的输出特性，电池组件存在功率最大输出点，并网逆变器具有在额定输入电压范围内自动追踪最大功率点的功能，因此电池阵列的输出电压应处于逆变器最大功率点跟踪(MPPT)电压范围以内。电池阵列电压 = 电池组件电压 × 组件串联数。一般的设计思路是，电池阵列的标称电压近似等于并网逆变器(MPPT)电压的中间值，这样可以达到 MPPT 的最佳效果。

(3) 最大输入电流与电池组电流匹配：电池组阵列的最大输出电流应小于逆变器最大输入电流。为了减少组件到逆变器过程中的直流损耗，以及防止电流过大使逆变器过热或电气损坏，逆变器最大输入电流值与电池阵列的电流值的差值应尽量大一些。电池阵列最大输出电流=电池组件短路电流×组件并联数。

(4) 转换效率：并网逆变器的效率一般分为最大效率和欧洲效率，通过加权系数修正的欧洲效率更为科学。逆变器在其他条件满足的情况下，转换效率越高越好。

(5) 配套设备：并网发电系统是完整的体系，逆变器是重要的组成部分，与之配套相关的设备主要是配电柜和监控系统。并网电站的监控系统包括硬件和软件，根据自身特点需要而量身定做，一般大型的逆变器厂家都针对自己的逆变器专门开发了一套监控系统，因此在逆变器选型过程中，应考虑相关的配套设备是否齐全。

2) 并网逆变器的选型设计

根据以上原则，本项目并网逆变器采用最大功率点跟踪技术，最大限度地把太阳电池组件转换的电能送入电网。逆变器自带的显示单元可显示太阳能光伏阵列电压、电流，逆变器输出电压、电流、功率、累计发电量、运行状态、异常报警等各项电气参数。同时具有标准电气通信接口，可实现远程监控，具有可靠性高、多种并网保护功能(如孤岛效应等)、多种运行模式、对电网无谐波污染等特点。

根据前端设计，本系统选用 17 台 100 kW 逆变器，参数如表 4-4 所示。逆变器接入交流配电柜，然后接入电网 380 V 用户侧。

表 4-4   100 kW 的逆变器参数

| 参数名称 | 具体参数 | 参数名称 | 具体参数 |
|---|---|---|---|
| 品牌 |  | 对地故障检测 | 有 |
| 规格型号 |  | 错极性保护 | 有 |
| 最大光伏输入功率 | 110 kW | 功率因数 | 0.99 |
| 输入电压范围 | 0～850 V | 电流谐波 THD | <4% |
| 最大输入电流 | 250 A | MPPT 追踪范围 | 440～800 V |
| 最多输入路数 | 6 | 电网工作电压范围 | 330～460 V |
| 直流电压纹波 | <10% | 电网工作频率范围 | 47.5～51.2 Hz |
| 直流分断 | 断路器 | 电网连接方式 | 接线端子 |
| 最大直流输入电压 | 850 | 最大效率 | 96.8% |
| 额定交流输出功率 | 100 | 平均效率 | 96.0% |
| 额定交流输出电流 | 152.0 A | 工作温度范围 | −20～50℃ |
| 过、欠压保护 | 有 | 工作湿度范围 | 0%～95%(不结露) |
| 过、欠频保护 | 有 | 防护等级 | IP20 (室内)<br>IP65(室外) |
| 短路、漏电保护 | 有 | 宽/高/厚 | 850 mm × 1050 mm × 2100 mm |
| 防雷保护 | 有 | 质量 | 1200 kg |
| 防孤岛保护 | 有 | 其他 | 具有通信及多台监控功能 |

### 4. 光伏交流配电柜设计

交流配电柜一般可以由逆变器生产厂家或专业厂家设计生产并提供成型产品。当没有成型产品提供或成品不符合系统要求时，就要根据实际需要自己设计制作。

本方案中，在逆变器和并网点之间，安装交流配电柜，交流配电柜内包括交流断路器、铜排以及三相电表。本项目系统中，共使用200 kW交流配电柜8台，100 kW交流配电柜1台。

### 5. 防雷与接地设计

根据建筑物防雷设计规范和建筑物电子信息系统防雷设计规范，进行防雷与接地设计。

#### 1) 防雷设计

本项目针对直击雷和感应雷分别作了防护设计。

(1) 直击雷的防护：室外需要防护的主要是支架、配电电缆管和汇流箱。本项目工程将支架配电电缆管和汇流箱等电位连接，然后用扁铁和楼结构的防雷设施连接。

(2) 感应雷的防护：系统采用三级防雷。第一级：汇流箱加装防雷器；第二级：直流配电单元加装防雷器；第三级：交流配电单元加装防雷器。这样大大提高了系统的安全性。

#### 2) 接地设计

接地装置的设计需要注意以下几方面：

(1) 接地体设计：接地体垂直埋设时，一般使用的材料镀锌角钢和镀锌钢管，应按设计所提及数量及规格进行加工。镀锌角钢一般选用 40 mm × 40 mm × 5 mm 或 50 mm × 50 mm × 5 mm 两种规格，其长度一般为 2.5 m；镀锌钢管一般直径为 50 mm，壁厚不应小于 3.5 mm。垂直接地体打入底下的部分应加工成尖形。

接地体水平埋设时，一般使用材料是镀锌扁钢或镀锌圆钢，采用 40 mm × 4 mm 的扁钢或直径为 16 mm 的圆钢。接地体埋设深度不小于 0.6 m。普通水平接地体如果有多根水平接地体水平埋设，其间距应符合设计规定，当无设计规定时不宜小于 5 m。当受地方限制或建筑物附近的土壤电阻率高时，可外接接地装置，将接地体延伸到电阻率小的地方去，但要考虑到接地体的有效长度范围限制，否则不利于雷电流的泄散。

接地装置须埋于地表层以下，一般深度不应小于 0.6 m。为减少邻接地体的屏蔽作用，垂直接地体之间的间距不宜小于接地体长度的 2 倍，并应保证接地体与地面的垂直度。

(2) 接地体连接线的设计：接地体与接地体之间的连接一般采用镀锌扁钢。扁钢应立放，这样既便于焊接又可减少流散电阻。

(3) 接地线的设计：人工接地线材料一般采用扁钢和圆钢，但移动式电器设备、采用钢质导线在安装上有困难的电器设备可采用有色金属作为人工接地线，绝对禁止使用裸铝导线作接地线。采用扁钢作为地下接地线时，其截面积不应小于 25 mm × 4 mm；采用圆钢作接地线时，其直径不应小于 10 mm。人工接地线不仅要有一定的机械强度，而且接地线截面应满足热稳定的要求。

本项目系统的接地设备分室内和室外两部分，室内设备主要是直流配电柜、逆变器和交流配电柜，室外主要是支架、电缆配线管和汇流箱。

根据电气装置安装工程接地装置施工及验收规范，室内设备的接地排用接地电缆连接起来，让设备的地线系统成为一个等电位系统。室外的支架、电缆配线管都是金属材料，可以用导线连接在一起，然后和汇流箱接地连接后，用接地电缆接到建筑物的接地设施上。

## 4.7.6　并网接入设计
### 4.7.6　Design of Grid-connected Access

根据并网接入电网要求，项目接入电压等级为 0.4 kV 低压电网的光伏电站。项目中，光伏电站中 8 个 200 kW 左右的子电站和 1 个 100 kW 的子电站分别在不同的接入点，接入电网 380 V 用户侧。在逆变器与用户侧电网之间加装逆功率检测装置，与逆变器进行通信。一旦检测到有逆流时，逆变器自动控制发电功率，而当逆向电流超过额定输出的 5% 时，逆变器应在 0.5～2 s 内停止向电网电路供电，以确保光伏电站向当地交流负载提供电能和向电网发送电能的质量(如在谐波、电压偏差、电压不平衡度、直流分量、电压波动和闪变等方面)满足国家相关标准。同时通过监控输出电压、电流、功率等参数来做出相应的控制保护系统的安全。

在安全方面，系统具有过流与短路保护、防孤岛、逆功率保护、恢复并网等功能。本系统所用的开关均采用空气开关，具有过流保护功能。同时在逆变器输出汇总点设置了总断路器，易于操作，可闭锁，确定电力检修维护人员的人身安全。

## 4.7.7　防逆流设计
### 4.7.7　Design of Backflow Protection

在逆变器与用户侧电网之间加装逆功率检测装置，与逆变器进行通信。一旦检测到有逆流时，逆变器自动控制发电功率，而当逆向电流超过额定输出的 5% 时，逆变器应在 0.5～2 s 内停止向电网电路供电，以确保光伏电站向当地交流负载提供电能和向电网发送电能的质量(如在谐波、电压偏差、电压不平衡度、直流分量、电压波动和闪变等方面)满足国家相关标准。同时通过监控输出电压、电流和功率等参数来进行做出相应的控制保护系统的安全。

## 4.7.8　监控系统设计
### 4.7.8　Design of Monitoring System

目前，光伏系统并网逆变器常见的通信方式有三种：RS-485、Ethernet 和 GPRS。采用这三种方式都可以实现远程通信功能，通过上位机监控软件，可以方便直观地监控当前逆变器的运行数据和工作状态，以及历史数据记录和故障信息，同时还可以和环境监测设备进行通信，了解现场的日照强度、温度等情况。通过网络连接，该软件还可以将电站的运行数据实时显示在屏幕上，为人们展示电站发电效果以及环保贡献数据。

本项目方案选择 RS-485 方式将逆变器和工控 PC 进行连接，工控机上安装的监控及通信软件具有以下功能：

(1) PC 上显示直流电流、直流电压、网侧电压、网侧电流、输出功率；

(2) PC 上显示当日发电量、累计发电量等；

(3) 故障告警：并网逆变电源上故障可通过 RS-485 接口传输到 PC 上；

(4) 查看当前的时间信息；

(5) 可在 PC 上的控制软件里面对并网电源进行远程控制。

并网系统的监控及通信示意图如图 4-37 所示。

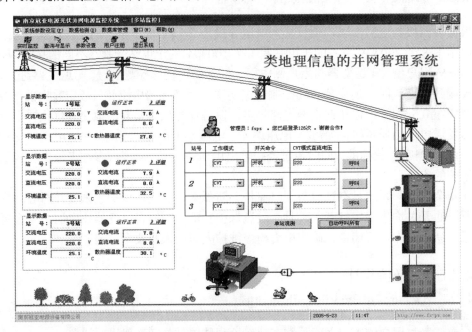

图 4-37　监控及通信示意图

### 4.7.9　系统发电量与节能估算

4.7.9　System Power Generation and Energy Saving Estimation

4-3　影响发电量的因素

光伏发电系统的发电量与光伏电站的容量、倾斜阵列上所接受的太阳辐射量以及系统的综合效率有关。发电量精确计算的过程较为复杂，一般需要借助相关软件(如 RETScreen 软件)。这里根据每月水平面的辐射量，再考虑到光伏系统效率以及光伏电站峰值功率，按照全年最大发电量和每月均衡发电两种情况，估算得出并网光伏系统发电量如表 4-5 所示。

**表 4-5　1.7 MW 光伏并网系统发电量数据**

| 月　份 | 天数 | 阵列平面辐照量 (kW·h)/(kW·d⁻¹) | 系统发电量/(kW·h) |
|---|---|---|---|
| 一月 | 31 | 2.58 | 111 082 |
| 二月 | 28 | 3.35 | 130 475 |
| 三月 | 31 | 4.26 | 183 656 |
| 四月 | 30 | 5.57 | 232 076 |
| 五月 | 31 | 5.75 | 247 616 |
| 六月 | 30 | 5.83 | 242 902 |
| 七月 | 31 | 4.85 | 208 754 |

续表

| 月份 | 天数 | 阵列平面辐照量<br>$(kW \cdot h)/(kW \cdot d^{-1})$ | 系统发电量/$(kW \cdot h)$ |
|------|------|------|------|
| 八月 | 31 | 4.70 | 202 484 |
| 九月 | 30 | 4.61 | 192 025 |
| 十月 | 31 | 3.37 | 145 087 |
| 十一月 | 30 | 2.69 | 112 139 |
| 十二月 | 31 | 2.26 | 97 461 |
| 年 | 365 | | 2 105 757 |

从表 4-5 可以看出，全年的发电量大约为 210.58 万千瓦时，光伏组件的最低寿命按 25 年计算，预计总发电量为 526.44 万千瓦时。如按每度电消耗标准煤 0.39 kg 计算，每年节约标准煤 821.25 t，累计 25 年节约标准煤 20 531 t。

## 4.8　应用案例——10 MW 太阳能光伏并网发电系统

**4.8**　Application Case—10MW Solar Photovoltaic Grid Connected Power Generation System

### 4.8.1　背景概述

**4.8.1**　Background Overview

#### 1. 地理位置分析

内蒙古鄂托克前旗位于暖温带半干旱区。由于地处内陆，地势高，又受亚欧大陆及青藏高原气团控制，形成冬季漫长寒冷，春季气温多变，夏季短暂凉爽，秋季降温迅速，春季和夏初雨量偏少，区域降水差异大等气候特征。境内年平均气温约在 6～6.2℃，最冷处为 1℃左右，最暖处为 7.7℃左右。常年最冷月 1 月，均温-14.3℃，极端最低温度为 -28.1℃；常年最热月份为 7 月，均温 24.7℃，极端最高温度为 34.6℃。境内因地形、海拔不同，区域温差很大。大陆性气候很强，因此昼夜温差很大。境内多晴朗天气，日照充足，年均日照时数为 2518.2 小时，年日照百分率为 57.3%。12 月日照百分率最高达 7%，9 月最少仅 47.3%。其中平原地势平坦，可达全日照。鄂托克前旗太阳能资源丰富，有着得天独厚的优越条件，太阳能开发利用潜力巨大。

#### 2. 系统方案

10 MW 的太阳能光伏并网发电系统，推荐采用分块发电、集中并网方案，将系统分成 10 个 1 MW 的光伏并网发电单元，分别经过 0.4 kV/35 kV 变压配电装置并入电网，最终实现将整个光伏并网系统接入 35 kV 中压交流电网进行并网发电的方案，系统方案如图 4-38 所示。

本方案按照 10 个 1 MW 的光伏并网发电单元进行设计，并且每个 1 MW 发电单元采用 4 台 250 kW 并网逆变器的方案。每个光伏并网发电单元的电池组件采用串、并联的方式组成多个太阳能电池阵列，太阳能电池阵列输入光伏方阵防雷汇流箱后接入直流配电柜，然后经光伏并网逆变器和交流防雷配电柜并入 0.4 kV/35 kV 变压配电装置。

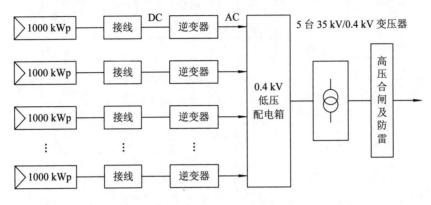

图 4-38　系统方案框图

## 4.8.2　光伏系统容量设计

### 4.8.2　Capacity Design of Photovoltaic Sytem

#### 1. 太阳能光伏组件选型

单晶硅太阳能光伏组件具有电池转换效率高，商业化电池的转换效率在 15%左右，其稳定性好，同等容量太阳能电池组件所占面积小，但是成本较高，每瓦售价约 36～40 元。

多晶硅太阳能光伏组件生产效率高，转换效率略低于单晶硅，商业化电池的转换效率为 13%～15%，在寿命期内有一定的效率衰减，但成本较低，每瓦售价约 34～36 元。

两种组件使用寿命均能达到 25 年，其功率衰减均小于 15%。根据性价比，本方案推荐采用 165 Wp 太阳能光伏组件，全部为国内封装组件。

#### 2. 太阳能光伏组件串、并联方案

太阳能光伏组件串联的组件数量 $N_s$ = 560/23.5 ± 0.5 = 24 块，这里考虑温度变化系数，取太阳能电池组件 18 块串联，单列串联功率 $P$ = 18 × 165 Wp = 2970 Wp。

单台 250 kW 逆变器需要配置太阳能电池组件串联的数量 $N_p$ = 250 000 ÷ 2970≈85 列，1 MW 太阳能光伏电池阵列单元设计为 340 列支路并联，共计 6120 块太阳能电池组件，实际功率达到 1009.8 kWp。

整个 10 MW 系统所需 165 Wp 电池组件的数量 $M_1$ = 10 × 6120 = 61 200 块，实际功率达到 10.098 MW。

本项目光伏并网发电系统需要 165Wp 的多晶硅太阳能电池组件 61 200 块、18 块串联、3400 列支路并联的阵列。

#### 3. 太阳能光伏阵列的布置

为了避免阵列之间遮阴，光伏电池组件阵列间距应不小于 $D$：

$$D = 0.707H/\tan(\arcsin(0.648\cos\phi - 0.399\sin\phi))$$

式中，$\phi$ 为当地地理纬度(在北半球为正，南半球为负)，$H$ 为阵列前排最高点与后排组件最低位置的高度差。

根据上式计算，可求得 $D=5025$ mm。取光伏电池组件前后排阵列间距 5.5 m。
太阳能光伏组件阵列单列面、排列面布置如图 4-39、图 4-40 所示。

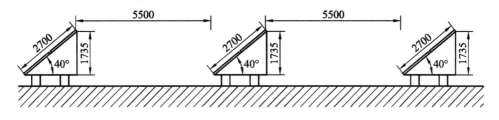

图 4-39　太阳能光伏组件阵列单列面(单位：mm)

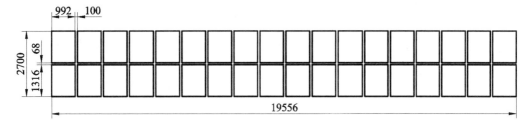

图 4-40　太阳能光伏组件阵列排列面(单位：mm)

## 4.8.3　光伏系统电气设计
### 4.8.3　Electrical Design of Photovoltaic System

**1. 直流配电柜设计**

每台直流配电柜按照 250 kWp 的直流配电单元进行设计，1 MW 光伏并网单元需要 4 台直流配电柜。每个直流配电单元可接入 10 路光伏方阵防雷汇流箱，10 MW 光伏并网系统共需配置 40 台直流配电柜。每台直流配电柜分别接入 1 台 250 kW 逆变器。

**2. 太阳能光伏并网逆变器的选择**

本并网光伏发电系统设计为 10 个 1 MW 的光伏并网发电单元，每个并网发电单元需要 4 台功率为 250 kW 的逆变器，整个系统配置 40 台此种型号的光伏并网逆变器，组成 10 MW 并网发电系统。选用性能可靠、效率高、可进行多机并联的逆变设备，本方案选用额定容量为 250 kW 的逆变器，主要技术参数列于表 4-6。

表 4-6　250 kW 并网逆变器性能参数表

| 参 数 名 称 | 参 数 值 |
|---|---|
| 容　量 | 250 kW |
| 隔离方式 | 工频变压器 |
| 最大太阳电池阵列功率 | 275 kWp |
| 最大阵列开路电压 | 900 V DC |
| 太阳电池最大功率点跟踪(MPPT)范围 | 450～880 V DC |
| 最大阵列输入电流 | 560 A |
| MPPT 精度 | >99% |

续表

| 参 数 名 称 | 参 数 值 |
|---|---|
| 额定交流输出功率 | 250 kW |
| 总电流波形畸变率 | <4%(额定功率时) |
| 功率因数 | >0.99 |
| 效率 | 94% |
| 允许电网电压范围(三相) | 320～440 V AC |
| 允许电网频率范围 | 47～51.5 Hz |
| 夜间自耗电 | <50 W |
| 保护功能 | 极性反接保护、短路保护、孤岛效应保护、过热保护、过载保护、接地保护、欠压及过压保护等 |
| 通信接口(选配) | RS-485 或以太网 |
| 使用环境温度 | −20～+40℃ |
| 使用环境湿度 | 0%～95% |
| 尺寸(深×宽×高) | 800 mm × 1200 mm × 2260 mm |
| 噪声 | ≤50 dB |
| 防护等级 | IP20(室内) |
| 电网监控 | 按照 UL1741 标准 |
| 电磁兼容性 | EN50081，part1；EN50082，part1 |
| 电网干扰 | EN61000-3-4 |

　　选用的光伏并网逆变器采用 32 位专用 DSP(LF2407A)控制芯片，主电路采用智能功率 IPM 模块组装，运用电流控制型 PWM 有源逆变技术和优质进口高效隔离变压器，可靠性高，保护功能齐全，且具有电网侧高功率因数正弦波电流、无谐波污染供电等特点。

　　250 kW 并网逆变器主电路的拓扑结构如图 4-41 所示，并网逆变电源通过三相半桥变换器，将光伏阵列的直流电压变换为高频的三相斩波电压，并通过滤波器滤波变成正弦波电压，接着通过三相变压器隔离升压后并入电网发电。为了使光伏阵列以最大功率发电，在直流侧加入了先进的 MPPT 算法。

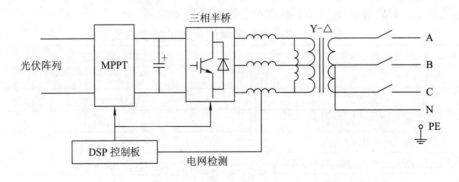

图 4-41　光伏并网逆变器主电路拓扑结构

### 3．交流防雷配电柜设计

按照 2 个 250 kWp 的并网单元配置 1 台交流防雷配电柜进行设计，即每台交流配电柜可接入 2 台 250 kW 逆变器的交流防雷配电及计量装置，系统共需配置 20 台交流防雷配电柜。

每台逆变器的交流输出接入交流配电柜，经交流断路器接入升压变压器的 0.4 kV 侧，并配有逆变器的发电计量表。每台交流配电柜装有交流电网电压表和输出电流表，可以直观地显示电网侧电压及发电电流。

### 4．交流升压变压器

并网逆变器输出为三相 0.4 kV 电压，考虑到当地电网情况，需要采用 35 kV 电压并网。由于低压侧电流大，考虑线路的综合排布，选用 5 台 S9 系列(0.4)kV/(35～38.5)kV，额定容量 2500 kVA 升压变压器分支路升压。变压器技术参数如表 4-7 所示。

#### 表 4-7  变压器技术参数表

| 项目名称 | | 单位 | 参数值 |
| --- | --- | --- | --- |
| 额定容量 | | kVA | 2000 |
| 额定电压 | 高压 | kV | 35 ± 5% |
| | 低压 | kV | 0.4 |
| 损耗 | 空载 | kW | 3.2 |
| | 负载 | kW | 20.7 |
| 空载电流 | | % | 0.8 |
| 短路阻抗 | | % | 6.5 |
| 重量 | 油 | t | 1.81 |
| | 变压器身 | t | 4.1 |
| | 总重 | t | 7.95 |
| 外形尺寸 | | 长 × 宽 × 高/mm | 2850 × 1820 × 3100 |
| 轨距 | | mm | 1070 |

## 4.8.4  系统接入电网设计

### 4.8.4  Design of System Access to Power Grid

本系统由 10 个 1 MW 的光伏单元组成，总装机 10 MW，太阳能光伏并网发电系统接入 35 kV/50 Hz 的中压交流电网，按照 2 MW 并网单元配置 1 套 35 kV/0.4 kV 的变压及配电系统进行设计，即系统需要配置 5 套 35 kV/0.4 kV 的变压及配电系统。每套 35 kV 中压交流电网接入方案描述如下。

### 1．35 kV/0.4 kV 配电变压器的保护

35 kV/0.4 kV 配电变压器的保护配置采用负荷开关加高遮断容量后备式限流熔断器组合的保护配置，既可提供额定负荷电流，又可断开短路电流，并具备开合空载变压器的性能，能有效保护配电变压器。

系统中采用的负荷开关通常为具有接通、隔断和接地功能的三工位负荷开关。变压器馈线间隔还增加高遮断容量后备式限流熔断器来提供保护。这是一种简单、可靠而又经济

的配电方式。

### 2．高遮断容量后备式限流熔断器的选择

由于光伏并网发电系统的造价昂贵，在发生线路故障时，要求线路切断时间短，以保护设备。

熔断器要求具有精确的时间-电流特性(可提供精确的始熔曲线和熔断曲线)；有良好的抗老化能力；达到熔断值时能够快速熔断；有良好的切断故障电流能力，可有效切断故障电流。

根据以上特性，可以把该熔断器作为线路、并网逆变器以及整个光伏并网系统的保护器使用，并通过选择合适的熔丝曲线，实现上级熔断器与下级熔断器及熔断器与变电站保护之间的配合。

对于 35 kV 线路的保护，《3～110 kV 电网继电保护装置运行整定规程》要求：除极少数有稳定问题的线路外，线路保护动作时间以保护电力设备的安全和满足规程要求的选择性为主要依据，不必要求速动保护快速切除故障。

通过选用性能优良的熔断器，能够大大提高线路在故障时的反应速度，降低事故跳闸率，更好地保护整个光伏并网发电系统。

### 3．中压防雷保护单元

该中压防雷保护单元选用复合式过电压保护器，可有效限制大气过电压及各种真空断路器引起的操作过电压，对相间和相对地的过电压均能起到可靠的限制作用。

该复合式过电压保护器不但能保护截流过电压、多次重燃过电压及三相同时开断过电压，而且能保护雷电过电压。

过电压保护器采用硅橡胶复合外套整体模压一次成形，外形美观，引出线采用硅橡胶高压电缆，除四个线鼻子为裸导体外，其他部分被绝缘体封闭，故用户在安装时，无需考虑它的相间距离和对地距离。该产品可直接安装在高压开关柜的底盘或互感器室内。安装时，只需将标有接地符号单元的电缆接地，其余分别接 A、B、C 三相即可。

设置自控接入装置，对消除谐振过电压也具有一定作用。当谐振过电压幅值高至危害电气设备时，该防雷模块接入电网，电容器增大主回路电容，有利于破坏谐振条件，电阻阻尼振荡，有利于降低谐振过电压幅值。所以，可以在高次谐波含量较高的电网中工作，适应的电网运行环境更广。

另外，该防雷单元可增设自动控制设备，如放电记录器，清晰掌控工作动作状况；可以配置自动脱离装置，当设备过压或处于故障时，脱离开电网，确保正常运行。

### 4．中压电能计量表

中压电能计量表是真正反映整个光伏并网发电系统发电量的计量装置，其准确度和稳定性十分重要。采用性能优良的高精度电能计量表至关重要。

为保证发电数据的安全，建议在高压计量回路同时装一块机械式计量表，作为 IC 式电能表的备用或参考。

该电表不仅要有优越的测量技术，还要有非常高的抗干扰能力和可靠性。同时，该电表还可以提供灵活的功能：显示电表数据、显示费率、显示损耗(ZV)、状态信息、警报、参数等。此外，显示的内容、功能和参数可通过光电通信口用维护软件来修改。通过光电

通信口，还可以处理报警信号，读取电表数据和参数。

### 4.8.5　监控系统设计
### 4.8.5　Design of Monitoring System

本系统逆变器比较分散，因此采用以太网通信方式实现远程网络通信功能比较方便。用户可以通过网络方便直观地查看当前逆变器的运行数据和运行状态，同时可以查询历史数据和故障数据，以及现场的环境情况，系统需要另外配置 10 台 485 转以太网模块、1 台环境监测仪，可以和监控装置(工控机和多机版监控软件)进行实时通信。监控系统的实施均采用就近接入现有以太网的方式。监控系统结构图如图 4-42 所示。

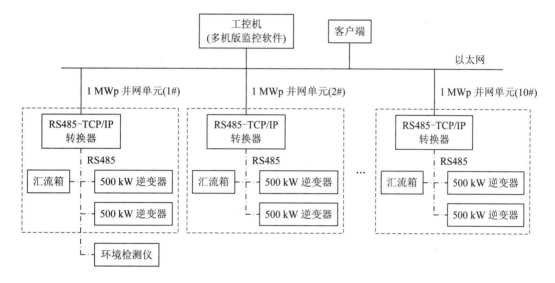

图 4-42　监控系统结构图

光伏并网系统的监测软件可连续记录运行数据和故障数据，具体如下：

(1) 实时显示电站的当前发电功率、日发电量、累计总发电量。

(2) 可查看每台逆变器的运行参数，主要包括直流电压、直流电流、直流功率、交流电压、交流电流、当前发电功率、逆变器频率、时钟、日发电量、累计发电量。

监控系统可以监控所有逆变器的运行状态，采用声光报警方式提示设备出现故障，可查看故障原因及故障时间。监控装置可每隔 5 分钟存储一次电站所有运行数据，可连续存储 20 年以上电站所有的运行数据和所有的故障记录。

监控主机同时提供对外的数据接口，即用户可以通过网络方式，异地实时查看整个电源系统的实时运行数据以及历史数据和故障数据。

### 4.8.6　环境监测仪
### 4.8.6　Environmental Monitor

本案例配置 PC-4 型自动气象站环境检测仪，如图 4-43 所示，用来监测现场的环境情况。

图 4-43　自动气象站环境检测仪

　　该装置由一体化风速风向传感器、日照时数传感器、测温探头、控制盒、稳压电源及支架、气象环境检测记录仪等组成，适用于气象、军事、航空、海港、环保、工业、农业、交通等部门测量水平风参量及太阳辐射能量的测量，可测量环境温度、风速、风向和辐射强度等参量，其 RS-485 通信接口可接入并网监控装置的监测系统，实时记录环境数据。

### 4.8.7　光伏系统防雷接地装置

　　为了保证本任务光伏并网发电系统安全可靠，防止因雷击、浪涌等外在因素导致系统器件的损坏等情况发生，系统的防雷接地装置必不可少。系统的防雷接地装置措施有多种，常见的主要有以下几种：

　　(1) 地线是避雷、防雷的关键，在进行配电室基础建设和太阳电池方阵基础建设的同时，选择电厂附近土层较厚、潮湿的地点，挖 1～2 m 深地线坑，采用 40# 扁钢，添加降阻剂并引出地线，引出线采用 35 mm² 铜芯电缆，接地电阻应小于 4 Ω。

　　(2) 在配电室附近建一避雷针，高 15 m，并单独做一地线，方法同上。因配电室在地下室，故不需要避雷针。

　　(3) 直流侧防雷措施：电池支架应保证良好的接地，太阳能电池阵列连接电缆接入光伏阵列防雷汇流箱，汇流箱内含高压防雷器保护装置，电池阵列汇流后再接入直流防雷配电单元，经过多级防雷装置可有效地避免雷击，从而导致设备的损坏。

　　(4) 交流侧防雷措施：每台逆变器的交流输出经交流防雷配电单元(内含防雷保护装置)接入电网，可有效地避免雷击和电网浪涌导致设备的损坏，所有的机柜要有良好的接地。

## 【课后任务】

【After-class Assignments】

　　给内蒙古鄂尔多斯市某学校设计一个屋顶 10 kW 并网电站，包括流程设计、光伏电站容量设计、电气设计及阵列结构设计，具体任务包括：

(1) 光伏电池板选型与计算；
(2) 控制器、逆变器选型与计算；
(3) 画出系统框图并作出系统预算(主要设备)；
(4) 效益分析；
(5) 撰写可行性报告。

## 【课后习题】

(1) 光伏发电站根据容量是如何分类的？并网光伏发电站有几种形式？
(2) 光伏阵列、防雷汇流箱、并网逆变器、交直流配电柜的作用各是什么？
(3) 光伏并网电站的并网接入设计方案应考虑哪些问题？
(4) 光伏发电系统易遭雷击的主要部位有哪些？
(5) 雷电防护设备有哪些？
(6) 如何进行独立光伏发电系统的防雷设计？
(7) 如何进行并网光伏电站的防雷设计？
(8) 光伏发电系统中，并网逆变器的选型需要注意什么？
(9) 并网接入电压等级有哪些？

## 【实训四】 并网光伏发电系统认识与设计

【Practical Training Ⅳ】 Introduction & Design of Grid-connected Photovoltaic Power Generation System

**一、实训目的**

掌握并网光伏发电系统设计。

**二、实训设备**

天津中德应用技术大学屋顶光伏电站，如图 4-44 所示。

图 4-44  天津中德应用技术大学屋顶光伏电站

### 三、实训内容

(1) 楼顶电站使用的是哪种逆变器？有什么性能特点？

(2) 观察楼顶电站有几种光伏电池，各种电池安装了多少片，共有多大功率？

(3) 楼顶有几种防雷装置？分别是哪种？

(4) 画出楼顶并网电站系统的框图。

(5) 楼顶的风机有几种？分别为多大功率？各有什么优缺点(应用场合)？

(6) 观察屋顶防雷设计，列出屋顶电站采用的防雷装置。

(7) 撰写实训报告。

# 附录 1 光储一体化电站项目设计

## Appendix Ⅰ Optical Storage Integrated Power Station

在新常态下，国家的发展战略就是绿色、低碳、循环发展。这将为我国光伏行业发展带来新机遇。

光伏发电等新能源产业的发展，将会对生态环境保护、产业发展以及节能减排等产生正效应。经过几十年的发展，目前光伏发电等新能源的成本正日益接近常规化石能源，预计未来 5 年，光伏发电的成本还会进一步下降。未来，光伏产业前景十分好，下面我们从项目的角度介绍一个电站项目的设计，以期给读者一个感观认识，了解相关注意事项。

### 1. 工程项目名称

项目名称：200 kW 离网光储一体化电站项目。

### 2. 建设规模与建设内容

本项目利用××市周边村庄的空地建设光储一体化电站，预计占地面积为 2000 $m^2$。本电站光伏系统预计装机容量 200 kW，并配以储能电池，采用离网模式，所发电量直接供给附近居民。

### 3. 投资估算

本项目总投资约为 335.73 万元。

### 4. 效益分析

电站设计运营期 25 年，光伏系统年均发电量 25.67 万千瓦时，每年通过储能系统最终供给居民的电量约为 16.93 万千瓦时，直接供给居民的电量 25 年平均约为 3.77 万千瓦时。

本项目能够改变当地的供电条件，改善当地村民的生活质量，带动地方经济发展，有很好的社会效益。

### 5. 工程建设的必要性

#### 1) 减轻项目所在地电网供电压力

本项目所在地电力工业基础薄弱，发电设施陈旧，装机容量小，并且没有统一的电网，电网分散。发电供电体系不完善，电能质量差，发电成本高，供电环节不规范，电费水平高。如此便形成了严重缺电与电力负荷增长缓慢同时存在的局面。鉴于其电网情况，本项目选择离网模式，避免了受当地电网条件的影响，同时直接供电给附近村民，缓解当地用电困难的情况。

**2) 具有明显的社**

**会效益和环保效益**

本项目有效利用村庄旁的空地建设光伏一体化离网电站，具有明显的社会效益。光伏系统年均发电量 25.67 万千瓦时，最终 18.61 万千瓦时通过储能系统最终供给居民，3.77 万千瓦时直接供给居民。本工程的实施意味着避免了火力发电所用标准煤所产生的废气造成大气污染，如附表 1-1 所示。

**附表 1-1　光伏电站年均节能减排量表**

| 序号 | 减排项目 | 节能量/(kW·h) | 节能减排总量/t |
|------|----------|---------------|----------------|
| 1 | 标准煤 | 0.326 | 83.68 |
| 2 | 二氧化碳 | 0.997 | 255.91 |
| 3 | 碳粉尘 | 0.272 | 69.82 |
| 4 | 二氧化硫 | 0.03 | 7.70 |
| 5 | 氮氧化合物 | 0.015 | 3.85 |

从本项目所发挥的示范作用来看，供电难、电网质量差在该地区是普遍存在的问题，本项目的顺利建设实施将为当地的供电问题提供一个科学有效的解决办法，将在当地以及周边地区起到很好的示范作用。

### 6. 气象条件分析

**1) 太阳能资源概况**

通过 meteonorm 7 气象数据软件得到本项目所在地年均峰值日照时数为 1754 小时，即年均辐照量为 6314.4 $MJ/m^2$。根据我国《太阳能资源评估方法》(QX/T 89—2008)，本项目所在地的太阳能资源丰富程度等级为 I 级，见附表 1-2，属于太阳能最丰富地区，非常适合光伏电站的建设。

**附表 1-2　《太阳能资源评估方法》的光资源评价划分标准**

| 等级 | 资源代号 | 年总辐射量/(MJ·$m^2$) | 年总辐射量/(kW·h·$m^{-2}$) | 年总辐射量/(kW·h·$m^{-2}$) |
|------|----------|------------------------|-----------------------------|-----------------------------|
| 最丰富带 | I | ≥6300 | ≥1750 | ≥4.8 |
| 很丰富带 | II | 5040~6300 | 1400~1750 | 3.8~4.8 |
| 丰富带 | III | 3780~5040 | 1050~1400 | 2.9~3.8 |
| 一般 | IV | <3780 | <1050 | <2.9 |

通过 meteonorm 7 软件数据分析，本项目倾角在 14°～16° 之间时，峰值日照时数最高为 1797 小时。根据峰值日照时数变化规律和组件影长变化规律的特点，在保证项目发电量的前提下，为了减小项目占地面积，提高土地的利用率，推荐采用 14° 倾角铺设光伏组件，对应的组件所在平面的年均辐照量为 6469.2 $MJ/m^2$。

**2) 辐照量逐月分布情况**

根据 meteonorm 7 气象数据软件，项目所在地年均逐月峰值日照时数如附表 1-3 所示。

附表 1-3　项目所在地年均逐月峰值日照时数表(单位：小时)

| 月份<br>角度 | 1 月 | 2 月 | 3 月 | 4 月 | 5 月 | 6 月 | 合计 |
|---|---|---|---|---|---|---|---|
| 0° 倾角 | 157 | 142 | 164 | 151 | 154 | 161 | |
| 14° 倾角 | 177 | 153 | 168 | 148 | 145 | 149 | |
| 月份<br>角度 | 7 月 | 8 月 | 9 月 | 10 月 | 11 月 | 12 月 | |
| 0° 倾角 | 120 | 125 | 131 | 145 | 150 | 154 | 1754 |
| 14° 倾角 | 113 | 120 | 131 | 152 | 166 | 175 | 1797 |

3) 气候条件

该项目所在地天气为热带气候，十分湿热。气候分成两大季节，3～10 月为"雨季"，温度、湿度均偏高，极端热天时温度可以达到 38～39℃；11～隔年 4 月属"旱季"，低温约为 22℃，偶见 17～19℃的最低温。年平均温度介于 28～34℃之间，满足光伏电站的建设条件。

### 7. 总体方案设计

本项目装机容量约为 200 kW，初步估计项目占地面积约为 2000 m²。

建议在项目实施前统计项目所在地附近的居民的分布和数量，以及用电负荷情况，并对项目场地进行地质勘查，确定项目场地的具体位置，调整项目装机容量，确保本项目的厂址选择及规模科学合理。

本项目为光储一体化离网项目，光伏系统装机容量为 200 kW，分为 4 个 50 kW 的发电单元，每个发电单元配一个蓄电池组用以储能。每个发电单元系统如附图 1-1 所示。

### 8. 光伏系统主要设备选型及方案设计

1) 组件选型

为提高本项目的土地利用率，在保证组件性价比的同时，推荐选用高效单晶硅光伏组件。组件规格暂定为 305 Wp，参数见附表 1-4，采用最佳倾角 14°铺设。

附表 1-4　单晶硅 305 W 组件技术参数表

| 序号 | 项　目 | 参数 |
|---|---|---|
| 1 | 峰值功率 | $W = 305$ W |
| 2 | 最佳工作点电压 | $U_m = 33.0$ V |
| 3 | 最佳工作点电流 | $I_m = 9.24$ A |
| 4 | 光电转换效率 | $\eta = 18.7\%$ |
| 5 | 开路电压 | $U_{oc} = 40.2$ V |
| 6 | 短路电流 | $I_{sc} = 9.94$ A |
| 7 | 短路电流温度系数 | 0.059%/K |
| 8 | 开路电压温度系数 | −0.300%/K |
| 9 | 峰值功率温度系数 | −0.390%/K |
| 10 | 运行温度范围 | −40～85℃ |
| 11 | 最大系统电压 | 1000 V |
| 12 | 尺寸(宽度×长度×厚度) | 1650 mm × 991 mm × 40 mm |
| 13 | 质量 | 18.2 kg |

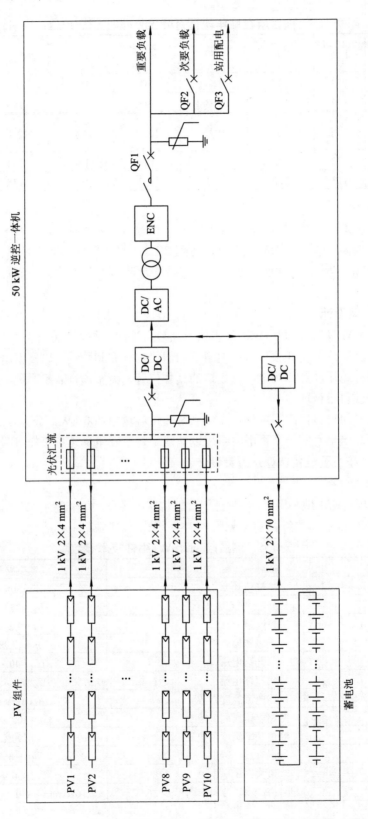

附图 1-1　50 kW 发电单元系统图

2) 逆变器选型

根据本项目装机容量等条件，推荐采用光储一体机，规格为 50 kW，参数见附表 1-5。

### 附表 1-5　50 kW 储能逆变器技术参数表

| 型号 | NEPCS-50(H) | NEPCS-50(H)-E |
|---|---|---|
| 产品版本号 | V00R00C00 | V00R00C00 |
| 交流接入方式 | 三相五线(含变压器) | 三相五线(含变压器) |
| 额定功率 | 50 kW | 50 kW |
| MPPT 电压范围 | 500～850 V | 420～850 V |
| 满功率 MPPT 电压范围 | 500～850 V | 450～850 V |
| 开路电压 | 900 V | 900 V |
| 启动电压 | 520 V | 500 V |
| 最大运行电流 | 105 A | 117 A |
| 额定功率 | 50 kW | 50 kW |
| 直流电压范围 | 330～550 V | 330～850 V |
| 满功率直流电压范围 | 350～550 V | 350～850 V |
| 最大运行电流 | 150 A | 150 A |
| 稳压精度 | ≤1% | ≤1% |
| 稳流精度 | ≤2% | ≤2% |
| 额定功率 | 50 kW | 50 kW |
| 最大容量 | 55 kVA | 55 kVA |
| 额定电网电压 | 400 V | 400 V |
| 电压运行范围(并网) | 400 V±10%(可设定) | 400 V±10%(可设定) |
| 电压运行范围(离网) | 400V ±5% | 400 V±5% |
| 额定电流 | 72 A | 72 A |
| 最大运行电流 | 79 A | 79 A |
| 额定电网频率 | 50 Hz | 50 Hz |
| 频率范围 | 47～51.5 Hz(可设定) | 47～51.5 Hz(可设定) |
| 总电流波形畸变率(THD) | <3% (额定功率) | <3% (额定功率) |
| 功率因数 | 0.9(超前)，−0.9(滞后) | 0.9(超前)，−0.9(滞后) |

3) 组串数量计算

光伏组件串联数量计算，根据《光伏电站设计规范》(GB50797—2012)规范计算串联数：

$$N \leqslant \frac{V_{dcmax}}{V_{oc} \times [1 + (t - 25) \times K_V]} \tag{1}$$

$$\frac{V_{mpptmin}}{V_{pm} \times [1 + (t' - 25) \times K'_V]} \leqslant N \leqslant \frac{V_{mpptmax}}{V_{pm} \times [1 + (t - 25) \times K'_V]} \tag{2}$$

式中，$K_V$ 为光伏组件的开路电压温度系数；$K'_V$ 为光伏组件的工作电压温度系数；$N$ 为光伏组件的串联数($N$取整)；$t$ 为光伏组件工作条件下的极限低温(℃)；$t'$ 为光伏组件工作条件下的极限高温(℃)；$V_{dcmax}$ 为逆变器允许的最大直流输入电压(V)；$V_{mpptmax}$ 为逆变器 MPPT 电压最大值(V)；$V_{mpptmin}$ 为逆变器 MPPT 电压最小值(V)；$V_{oc}$ 为光伏组件的开路电压(V)；$V_{pm}$ 为光伏组件的工作电压(V)。

根据本项目所在地最高极限温度和最低极限温度分别取 40℃ 和 15℃，以及光伏组件技术参数和逆变器技术参数，得出串联光伏组件数量 $N$ 为

$$18.19 \leqslant N \leqslant 26.25 \tag{3}$$
$$N \leqslant 24.15 \tag{4}$$

考虑目前大部分光伏组件本身最大系统电压为 1000[12]，经计算，光伏组件串联数不宜大于 24 块，则初步确定光伏组件每 24 块串联为一串，则每个发电单元下共 7 串光伏组串，整个项目共 28 串光伏组串，即 672 块光伏组件，其装机容量为 204.960 kW。

### 9. 储能电池系统设备选型及方案设计

本项目装机容量约 205 kW。项目所在地 14° 倾角下辐照强度最高月为 1 月，峰值日照时数为 177 小时，日均峰值日照时数为 5.7 小时。辐照强度最低月为 7 月，峰值日照时数为 113 小时，日均峰值日照时数为 3.65 小时。以辐照强度最低月计算，本项目首年日发电量约为 600 kW·h(不计首年组件衰减)，每个发电单元的首年日发电量为 150 kW·h。

按照最低月的电量全部依靠储能系统存储，整个电站的蓄电池储能能力为 600 kW·h。按照蓄电池的放电深度系数为 80% 计算，则需配置的蓄电池总容量为 750 kW·h。储能系统效率按照 85% 计算，600 kW·h 的电力最终通过储能系统释放的电量为 510 kW·h。

储能电池采用磷酸铁锂，单体电芯标称容量为 3.2 V/172 A·h；电池经串、并联后封装为模块，多个模块串联后安装在一个电池支架上构成电池簇，每个电池架上为 110 kW·h，由 7 个电池架并联构成约 750 kW·h 的电池方阵，再通过 50 kW 光储能一体机转化成交流，接入 0.4 kV 配电母线。

### 10. 电气系统设计

本项目光伏组件选用 305 Wp 高效单晶硅组件，由 24 块光伏组件串联为一个光伏组串，每 7 串光伏组串接入一台 50 kW 的光伏储能一体机。储能蓄电池组也通过直流电缆接入光伏储能一体机。从储能逆变器侧引出交流电缆接入供电电网，实现向电网供电，主要设备清单见附表 1-6。

白天需要供电时，光伏电力由光储一体机转化为交流电后直接接入用户侧。在其余光

伏电力通过光储一体机接入一个蓄电池组暂存，需要放电时从蓄电池放出，经直流电缆接入上述的 50 kW 光储一体机，再经交流配电柜接入用户侧。

**附表 1-6　主要设备材料清单**

| 序号 | 设备 | 规格 | 数量 | 备注 |
|---|---|---|---|---|
| 一、光伏系统 | | | | |
| 1. | 单晶硅组件 | 305 Wp | 672 块 | |
| 2. | 光储一体机 | 50 kW | 4 台 | |
| 3. | 交流配电柜 | | 1 台 | |
| 4. | 直流电缆 | 1 × 4 | 3.2 km | |
| 5. | 直流电缆 | 2 × 70 | 200 m | |
| 6. | 交流电缆 | 3 × 70 | 100 m | |
| 二、储能系统 | | | | |
| 1. | 锂电池 | 3.2 V/172 A • h | 750 kW • h | |
| 2. | BMS | | 1 套 | |

### 11. 组件布置及支架设计方案

1) 组件布置原则

光伏组件方阵阵列的布置原则：合理利用现场地形，利于运营生产管理及维护，便于电气接线，并尽量减少电缆长度，减少电能损耗。

本项目光伏方阵区布置采用单元模块化布置形式，分为 4 个 50 kW 光伏组件方阵及汇流盒、控制器、逆变器、蓄电池组等其他配套设备。结合地形、地貌进行组件方阵的布置，以达到用地指标较优、日常巡查线路较短的方案。

2) 组件支架基础方案

光伏组件支架基础可采用钢筋混凝土独立基础、条形基础或钢筋混凝土桩基础等形式。

采用独立基础，基础埋置较深，开挖量及回填量较大。

采用条形基础，基础埋置深度可相对较浅，开挖量、回填量较小，但混凝土量相对较大。

采用钢筋砼桩基础混凝土钢筋用量小，开挖量小，并且对原有植被破坏小。

施工快捷，既能满足稳定的要求又经济实用，为目前光伏电站支架基础的首选型式。

综上所述，本项目支架基础拟采用钢筋砼桩基础形式。

3) 组件支架设计

本项目光伏组件全部采用固定倾角安装方式，拟定采用两排竖铺的方式铺设。组件支架采用钢结构形式，除锈等级：Sa2(St2.5)级，防腐涂料：环氧红底漆二道。

固定倾角安装方式，光伏组件支架结构由斜梁、横梁、后立柱等构成。侧立面结构形式为三角形，按倾斜角度 14° 设计，如附图 1-2 所示。

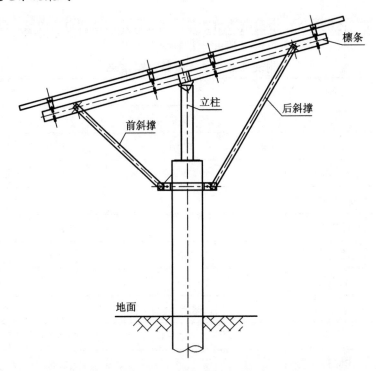

附图 1-2　固定式光伏组件支架侧立面图

### 12. 发电量估算

#### 1) 首年发电量估算

本项目年均逐月峰值日照时数如附表 1-7 所示。

**附表 1-7　项目年均逐月峰值日照时数表　（单位：小时）**

| 月份 | 1 月 | 2 月 | 3 月 | 4 月 | 5 月 | 6 | 合计 |
|---|---|---|---|---|---|---|---|
| 峰值日照时数 | 177 | 153 | 168 | 148 | 145 | 149 | |
| 月份 | 7 月 | 8 月 | 9 月 | 10 月 | 11 月 | 12 月 | |
| 峰值日照时数 | 113 | 120 | 131 | 152 | 166 | 175 | 1797 |

首年 3% 的组件衰减系数，则本项目首年发电量如附表 1-8 所示。

**附表 1-8　项目运营期首年光伏系统逐月发电量估算表　（单位：kW·h）**

| 角度＼月份 | 1 月 | 2 月 | 3 月 | 4 月 | 5 月 | 6 | 合计 |
|---|---|---|---|---|---|---|---|
| 发电量 | 27 470.40 | 23 745.60 | 26 073.60 | 22 969.60 | 22 504.00 | 23 124.80 | |
| 角度＼月份 | 7 月 | 8 月 | 9 月 | 10 月 | 11 月 | 12 月 | |
| 发电量 | 17 537.60 | 18 624.00 | 20 331.20 | 23 590.40 | 25 763.20 | 27 160.00 | 278 894.40 |

#### 2) 年发电量估算

光伏组件由于衰减等因素的影响，使系统发电效率降低。本工程中，组件的老化使组件效率首年衰减 3%，之后每年平均衰减 0.7%。储能系统按照 25 年平均衰减计算，25 年后储能系统容量为初始设计的 80%，年均衰减约 0.8%，如附表 1-9 所示。

**附表 1-9　项目运营期光伏系统逐年发电量估算表**

| 年度 | 逐年发电量<br>万千瓦时 | 储能系统的供电量<br>万千瓦时 | 光伏直供<br>万千瓦时 |
|---|---|---|---|
| 第 1 年 | 27.89 | 18.62 | 5.99 |
| 第 2 年 | 27.69 | 18.47 | 5.79 |
| 第 3 年 | 27.5 | 18.32 | 5.6 |
| 第 4 年 | 27.31 | 18.17 | 5.41 |
| 第 5 年 | 27.12 | 18.03 | 5.22 |
| 第 6 年 | 26.93 | 17.88 | 5.03 |
| 第 7 年 | 26.74 | 17.74 | 4.84 |
| 第 8 年 | 26.55 | 17.60 | 4.65 |
| 第 9 年 | 26.37 | 17.46 | 4.47 |
| 第 10 年 | 26.18 | 17.32 | 4.28 |
| 第 11 年 | 26 | 17.18 | 4.1 |
| 第 12 年 | 25.82 | 17.04 | 3.92 |
| 第 13 年 | 25.63 | 16.90 | 3.73 |
| 第 14 年 | 25.46 | 16.77 | 3.56 |
| 第 15 年 | 25.28 | 16.64 | 3.38 |
| 第 16 年 | 25.1 | 16.50 | 3.2 |
| 第 17 年 | 24.92 | 16.37 | 3.02 |
| 第 18 年 | 24.75 | 16.24 | 2.85 |
| 第 19 年 | 24.58 | 16.11 | 2.68 |
| 第 20 年 | 24.4 | 15.98 | 2.5 |
| 第 21 年 | 24.23 | 15.85 | 2.33 |
| 第 22 年 | 24.06 | 15.73 | 2.16 |
| 第 23 年 | 23.9 | 15.60 | 2 |
| 第 24 年 | 23.73 | 15.48 | 1.83 |
| 第 25 年 | 23.56 | 15.35 | 1.66 |

# 附录2 光伏发电站设计术语

## Appendix Ⅱ Terminology of Photovoltaic Power Station Design

以下术语源自光伏发电站设计规范(GB 50797—2012)。

(1) 光伏组件(PV Module)：具有封装及内部联结的、能单独提供直流电输出的、最小不可分割的太阳电池组合装置，又称太阳电池组件(Solar Cell Module)。

(2) 光伏组件串(Photovoltaic Modules String)：在光伏发电系统中，将若干个光伏组件串联后，形成具有一定直流电输出的电路单元。

(3) 光伏发电单元(Photovoltaic(PV)Power Unit)：光伏发电站中，以一定数量的光伏组件串，通过直流汇流箱汇集，经逆变器逆变与隔离升压变压器升压成符合电网频率和电压要求的电源，又称单元发电模块。

(4) 光伏方阵(PV Array)：将若干个光伏组件在机械和电气上按一定方式组装在一起并且有固定的支撑结构而构成的直流发电单元，又称光伏阵列。

(5) 光伏发电系统(Photovoltaic(PV)Power Generation System)：利用太阳电池的光生伏特效应，将太阳辐射能直接转换成电能的发电系统。

(6) 光伏发电站(Photovoltaic(PV)Power Station)：以光伏发电系统为主,包含各类建(构)筑物及检修、维护、生活等辅助设施在内的发电站。

(7) 辐射式连接(Radial Connection)：各个光伏发电单元分别用断路器与发电站母线连接。

(8) "T"接式连接(Tapped Connection)：若干个光伏发电单元并联后通过一台断路器与光伏发电站母线连接。

(9) 跟踪系统(Tracking System)：通过支架系统的旋转对太阳入射方向进行实时跟踪，从而使光伏方阵受光面接收尽量多的太阳辐照量，以增加发电量的系统。

(10) 单轴跟踪系统(Single-axis Tracking System)：绕一维轴旋转，使得光伏组件受光面在一维方向尽可能垂直于太阳光的入射角的跟踪系统。

(11) 双轴跟踪系统(Double-axis Tracking System)：绕二维轴旋转，使得光伏组件受光面始终垂直于太阳光的入射角的跟踪系统。

(12) 集电线路(Collector Line)：在分散逆变、集中并网的光伏发电系统中，将各个光伏组件串输出的电能，经汇流箱汇流至逆变器，并通过逆变器输出端汇集到发电母线的直流和交流输电线路。

(13) 公共连接点(Point of Common Coupling，PCC)：电网中一个以上用户的连接处。

(14) 并网点(Point of Coupling，POC)：对于有升压站的光伏发电站，指升压站高压侧母线或节点。对于无升压站的光伏发电站，指光伏发电站的输出汇总点。

(15) 孤岛现象(Islanding)：在电网失压时，光伏发电站仍保持对失压电网中的某一部分线路继续供电的状态。

(16) 计划性孤岛现象(Intentional Islanding)：按预先设置的控制策略，有计划地出现的孤岛现象。

(17) 非计划性孤岛现象(Unintentional Islanding)：非计划、不受控出现的孤岛现象。

(18) 防孤岛(Anti-islanding)：防止非计划性孤岛现象的发生。

(19) 峰值日照时数(Peak Sunshine Hours)：一段时间内的辐照度积分总量相当于辐照度为 $1\ kW/m^2$ 的光源所持续照射的时间，其单位为小时(h)。

(20) 低电压穿越(Low Voltage Ride Through)：当电力系统故障或扰动引起光伏发电站并网点电压跌落时，在一定的电压跌落范围和时间间隔内，光伏发电站能够保证不脱网连续运行。

(21) 光伏发电站年峰值日照时数(Annual Peak Sunshine Hours of PV Station)：将光伏方阵面上接收到的年太阳总辐照量，折算成辐照度 $1\ kW/m^2$ 下的小时数。

(22) 法向直接辐射辐照度(Direct Normal Irradiance，DNI)：到达地表与太阳光线垂直的表面上的太阳辐射强度。

(23) 安装容量(Capacity of Installation)：光伏发电站中安装的光伏组件的标称功率之和，计量单位是峰瓦(Wp)。

(24) 峰瓦(Watts Peak)：光伏组件或光伏方阵在标准测试条件下，最大功率点的输出功率的单位。

(25) 真太阳时(Solar Time)：以太阳时角作标准的计时系统，真太阳时，以日面中心在该地的上中天的时刻为零时。

# 参 考 文 献

## References

[1]　赵晶，赵争鸣，周德佳. 太阳能光伏发电技术现状及其发展. 电力应用，2007，26(10)：6-10.

[2]　程时杰，李刚，孙海顺. 储能技术在电气工程领域中的应用与展望. 电网与清洁能源，2009，25(2)：1-8.

[3]　朱松然. 蓄电池手册. 天津：天津大学出版社，1998.

[4]　朱小同，赵桂先. 蓄电池快速充电的原理与实现. 北京：煤炭工业出版社，1996.

[5]　王长贵，王斯成. 太阳能光伏发电实用技术. 2版. 北京：化学工业出版社，2009.

[6]　李钟实. 太阳能光伏发电系统设计施工与维护. 北京：人民邮电出版社，2010.

[7]　欧阳明三. 独立光伏系统中蓄电池管理的研究. 合肥：合肥工业大学，2004.

[8]　陈国呈. PWM变频调速及软开关电力变换技术. 北京：机械工业出版社，2001.

[9]　马胜红，陆虎俞. 光伏系统的安装调试. 太阳能光伏发电技术，2006(8)：41-43.

[10]　车孝轩. 太阳能光伏系统概论. 武汉：武汉大学出版社，2005.

[11]　崔容强，等. 并网型太阳能光伏发电系统. 北京：化学工业出版社，2007.

[12]　太阳光发电协会. 太阳能光伏发电系统的设计与施工. 刘树民，宏伟，译. 北京：科学出版社，2006.

[13]　罗玉峰，陈裕先，李玲. 太阳能光伏发电技术. 南昌：江西高校出版社，2009.

[14]　赵为. 太阳能光伏并网发电系统的研究[D]. 合肥：合肥工业大学，2005.

[15]　郑诗程. 光伏发电系统及其控制的研究[D]. 合肥：合肥工业大学，2005.

[16]　蒋华庆，贺广零，兰云鹏. 光伏电站设计技术. 北京：中国电力出版社，2014.

[17]　郭家宝，汪麒. 光伏发电站设计关键技术. 北京：中国电力出版社，2014.

[18]　李瑞生，周逢权，李燕斌. 地面光伏发电系统及应用. 北京：中国电力出版社，2011.

[19]　田力文. 太阳能光伏照明手册. 北京：化学工业出版社，2011.